咖啡館 style 茶飲 101

李相旼 —— 著
朴種爀 —— 攝

不藏私公式大公開，
教你利用各式食材及獨特糖漿，
製作出好喝又驚艷的特調風味茶

朱雀文化

如何製作風味茶

人類從西元前開始即有飲茶習慣，因此歷史相當久遠

雖然現在喝茶無論在哪都是一件極為普遍的事，不過在古時候，茶曾是權力和財富的表徵。隨著時間流逝，高貴稀有的茶才逐漸大眾化，成為人人都能享受的飲品。

還是有很多人覺得茶不是這麼平易近人

許多人還沒開始喝茶就已經望之卻步，總認為種類太過繁多，不知道該從何選起，擔心要準備各種讓人眼花撩亂的器具，只好敬而遠之。就算到外面的咖啡店，也不敢任意嘗試，一律點咖啡了事。事實上有些咖啡店菜單上的茶類，也只是充場面而已。然而從3、4年前開始，人們看待茶的視線開始起了變化，菜單上的主角也悄然變成了色香味俱佳的風味茶。

風味茶就是以茶為底茶，進行改良的飲品

在亞洲，對茶的印象就是「要熱熱的喝」，所以風味茶起步較晚，然而西方早在1680年代即有飲用奶茶的文獻紀錄。19世紀初，隨著冰塊的商業化，冰茶開始廣為人知，時至今日，為了迎合現代人口味，除了既有的奶茶、冰茶等傳統口味，更有利用果汁、乳製品，乃至水果、香草、果糖和碳酸飲料調製的特殊風味茶。

本書將介紹101道風味茶飲

全部都是以茶為基底所調製的風味茶，利用一般人都愛喝的綠茶、紅茶以及花茶，調製出各式各樣的風味飲品。除了有咖啡店常見的，也有口味創新的飲品，在家就能享受到優質咖啡茶飲。

目錄 Contents

風味茶核心調味
糖漿製作

［綠茶風味茶］

Green Tea
+
Variation

紅茶風味茶

Black tea
+
Variation

+果汁 JUICE

+乳製品 MILK PRODUCTS

+氣泡水 SPARKLING WATER

「花草茶風味茶」

Green Tea
+
Variation

一杯風味茶
的組成有哪些？

Variation
[@ 1. 變化 2. 變形 3. 變奏曲]

按字面上的意思來看，
Variation Tea（風味茶）意指變形改良後的茶飲。
也就是基本的茶底，加上其他材料，
再利用溫度變化所調製而成。
一杯風味茶的組成其實很簡單，
核心就是底茶（Base）、
流體物質（Liquid）、
糖漿（Syrup）以及
裝飾物（Garnish）。

裝飾
GARNISH

基底
BASE

液態水
LIQUID

糖漿
SYRUP

基底 Base　　綠茶、紅茶、花草茶

「茶」是風味茶的基本，在本書中，將以容易取得的綠茶、紅茶與花茶作為底茶，正因為是相當普遍的茶類，所以調製出來的風味茶接受度也高。雖然以烏龍茶、白茶、普洱茶做底茶也很出色，但因為在韓國取得不易，所以排除在外。本書宗旨就是利用日常唾手可得的茶來調製風味茶。

液態水 Liquid　　果汁、乳製品、氣泡水

流體物質在這裡是屬於跟底茶混合的副材料，能左右風味茶的整體感。本書主要使用3種基本流體物質，分別是果汁、乳製品與氣泡水。通常果汁應用在冰茶，乳製品應用在奶茶，氣泡水應用在氣泡飲上。掌握果汁、乳製品與氣泡水的特性，就能調出令人滿意的飲品。

糖漿 Syrup　　水果糖漿、草本糖漿、香料糖漿

糖漿是決定風味茶味道的材料，語源來自阿拉伯語「Sharab」，意指「飲料」。在過去，因為精緻砂糖取得不易，會將植物或果汁熬成濃縮汁液後飲用，一路演變成現在的意思。糖漿與底茶結合後，搖身一變成為好喝飲料。除了基本糖漿，利用水果、香草植物以及香料，就能做出水果糖漿、草本糖漿以及香料糖漿。

裝飾 Garnish　　粉末、香草、水果、其他

「Garnish」的意思為「在食物上加飾菜」，意即裝飾菜餚。在混合完底茶、流體物質和糖漿後，所進行的最後步驟。利用粉末、香草、水果來裝飾，除了增加美觀，也能提高人們對飲品的理解度。例如使用氣味強烈的香草植物做裝飾，除了突顯出飲品本身風味，也能增加新鮮度。

綠茶
⌄

紅茶
⌄

花草茶
⌄

茉莉綠茶

大吉嶺紅茶

洋甘菊茶

綠茶

玫瑰包種茶

抹綠花茶

玄米綠茶

聖誕茶

薰衣草茶

珠茶

約會茶

香茅茶

基底
Base

風味茶的基礎

綠茶＋

以綠茶做底茶時，搭配的副材料並無太大限制，顏色上也能做出許多變化，所以非常適合用來調製風味茶。綠茶的一大特色，就是茶香濃馥，飲用後回甘清爽。本書所介紹的綠茶，以韓國容易取得的寶城綠茶、河東綠茶、濟州島產綠茶，以及國外知名品牌的綠茶為主。

書中介紹的綠茶

單一茶 》 綠茶（細雀）、綠茶粉（抹茶）、珠茶

混合茶 》 玄米茶、茉莉綠茶、加味綠茶（甜瓜和異國水果）

紅茶＋

紅茶因其獨特苦澀味，不管加在哪種飲料裡，只要嘗過都能了然於心。不過因為茶色較深，所以比較不容易在顏色上玩花樣。本書中介紹的紅茶，以坊間常見的品牌與特調紅茶為主，皆能感受到紅茶獨有的氣味。

書中介紹的紅茶

單一茶 》 大吉嶺、正山小種茶、錫蘭紅茶

混合茶 》 聖誕茶、約會茶、玫瑰包種茶、馬可波羅茶、印度香料茶、早餐茶、冰酒茶、伯爵茶、皇家婚禮茶、芒果草莓茶、藍莓茶、蘋果茶、草莓茶、檸檬萊姆茶、熱帶水果芒果橘子茶、水蜜桃茶。

花草茶＋

以花草茶做底茶調製成的風味茶，優點是不論做成什麼口味，都不會讓人覺得陌生。通常花草茶為突顯原本的性質，多數為單一成分產品。當然也可以使用市售的混合花草茶、水果花草茶。若能再以相近氣味的新鮮香草植物做裝飾，就能發揮錦上添花的效果。

書中介紹的花草茶

單一茶 》 薰衣草茶、香茅茶、扶桑花茶、洋甘菊茶、麝香草茶、辣薄荷茶。

混合茶 》 水果茶、薔薇果扶桑花茶、南非甘露茶、甜美扶桑花茶、辣漿果茶（Spicy Berry）、韓國品牌的「茶禪（Teazen）」混合茶。

果汁
»

青葡萄汁
蘋果汁
蔓越莓汁

其他
»

藍莓醋
義式濃縮咖啡
冰塊

氣泡水
»

氣泡水
蘋果氣泡水
葡萄柚氣泡水

冷泡茶
»

立山小種冷泡茶
芒果橘子冷泡茶
錫蘭冷泡茶

乳製品
»

牛奶
杏仁牛奶
椰奶

影響飲料的整體感

＋果汁

果汁就是水果的汁液，主要用於冰茶，如果在風味茶裡加上果汁，那麼茶本身的氣味與味道，就會變得比較大眾化。水果所含的寡糖和有機酸，能夠彌補茶所不足的清爽與新鮮口感，通常以做成冷飲為多數，而且最好裝在透明容器內。葡萄柚、柳丁、橘子、檸檬、萊姆等柑橘類果汁，可直接榨取汁液使用。

書中介紹的果汁

荔枝汁、芒果汁、橘子汁、葡萄柚汁、鳳梨汁、葡萄汁、蘋果汁、蔓越莓汁、青葡萄汁、桔子汁、椰子水。

＋乳製品

乳製品可增加飲料的滑順口感，一般飲料的調製多使用牛奶，風味茶則會用到奶油。若加入乳脂肪成分高的奶油，飲料的味道會變得更濃郁且絲滑，特別是含有大量奶油成分的冰淇淋和起司，效果更為顯著。乳製品其他替代品有豆漿、杏仁牛奶和椰奶等。

書中介紹的乳製品

綠茶冰淇淋、豆漿、香草冰淇淋、無糖優格、鮮奶油、杏仁牛奶、牛奶、鮮奶油霜、巧克力冰淇淋、起司。

＋氣泡水

氣泡水能夠提供與冰茶截然不同的清涼感，做成的飲料會因為含有二氧化碳，喝起來特別清涼有勁，而且有一種刺激舌尖的口感。本書將會介紹底茶搭配碳酸飲料與氣泡水，以及利用氣泡水做冷泡茶的方法。以氣泡水做冷泡茶，更能感受到茶香，讀者可依照個人喜愛選擇加入。

書中介紹的氣泡水

氣泡水 》聖沛黎洛、勝獅碳酸蘇打水、西格（Seagram）、椒井氣泡水、沛綠雅、特雷維（Trevi）。

碳酸飲料 》聖沛黎洛水果氣泡水、雪碧、香吉士氣泡水、純品康納汽水

水果糖漿＆酵素　　草本糖漿＆水果醋　　香料糖漿＆其他

草莓糖漿　　薰衣草糖漿　　香草糖漿

葡萄柚糖漿　　迷迭香糖漿　　榛果糖漿

五味子酵素　　萊姆汁　　草莓果泥

柚子酵素　　鳳梨醋　　巧克力醬

糖漿
Syrup

飲料味道的關鍵

＋水果糖漿＆水果酵素

相較於奶茶飲品，水果糖漿更適合加在冰茶或氣泡飲裡。在乳製品裡加入水果，會因為水果所含的有機酸，而產生油水分離。水果酵素除了實用度比糖漿高，因同時具有甜味與酸味，可做出酸甜口感，簡單就能調出好喝飲料。

書中介紹的水果糖漿＆酵素

水果糖漿 》草莓糖漿、藍莓薰衣草糖漿、黑加侖糖漿、蘋果糖漿、葡萄柚糖漿

水果酵素 》藍莓酵素、五味子酵素、柚子酵素

＋草本糖漿

顧名思義，就是利用香草植物做成的糖漿，可以單獨使用，但是若能跟其他材料一起混合，效果會更加出類拔萃。尤其是水果風味的飲品，若能加草本糖漿，除了果香，還有香草植物的清新，能夠大大提升新鮮度。此外，在乳製飲品加草本糖漿，能讓口感更輕盈。

書中介紹的香草糖漿

薰衣草糖漿、玫瑰糖漿、迷迭香糖漿

＋香料糖漿

指的是利用水果、香草植物以外，口感辛辣的其他材料，或是特調紅茶、堅果所做成的糖漿。例如以伯爵茶做成糖漿，就能應用在以紅茶為底茶的飲品之上。辛辣口感的糖漿，因氣味強烈，最好只用於輔助。至於堅果糖漿，其獨特的堅果香氣，跟乳製飲品尤其對味。

書中介紹的香料糖漿

香草糖漿、生薑糖漿、伯爵茶糖漿、榛果糖漿

茶TEA + 風味VARIATION

水果　　　　　香草　　　　　粉末

草莓片

辣薄荷

肉桂

萊姆片

麝香草

薑黃粉

生薑片

迷迭香

Oreo餅乾粉

橘子皮

玫瑰花瓣

綠茶粉

讓風味茶升級的祕密

＋水果

跟綠茶、紅茶、花草茶皆很對味，若能以水果裝飾飲品，在各方面都能產生效果。若是柑橘類的水果，建議切片以呈現切面；如果是藍莓、櫻桃等小顆粒水果，可直接使用或以雞尾酒叉串起來。

書中介紹的水果

柑橘類 》 橘子、萊姆、檸檬、柳橙、葡萄柚

莓果類 》 樹莓、藍莓

熱帶水果類 》 荔枝、芒果、鳳梨

果實類 》 草莓、蘋果、青葡萄、櫻桃

＋香草植物

香草植物是冰茶與氣泡飲愛用的裝飾材料，呈現的方式也很多樣，例如讓香草葉漂浮其上，或者放在杯子裡，主要視葉子大小而定。如果是葉子較小的薄荷類植物，通常會截取一小段。使用前可輕輕搖晃或拍打植株，目的是刺激植株，讓氣味更強烈。

書中介紹的香草

辣薄荷、薄荷、香茅、迷迭香、玫瑰花瓣、玫瑰花、麝香草

＋粉末

製作底茶和糖漿時，如果會用到粉末材料，還可以順便拿來做裝飾。粉末裝飾物通常是撒在飲料表面，或者撒在杯子的旁邊或底部，就能營造出美麗的視覺效果。只要花點巧思，善用粉末裝飾，就能有出其不意的驚豔。

書中介紹的粉末

綠茶粉、薑黃粉、Oreo餅乾粉、巧克力粉

裝飾物小訣竅

1 善用原本就會用到的材料
好好利用飲品本身就會用到的材料做裝飾，看起來就會有一致性。

2 裝飾物也是材料
裝飾物也可以視為材料的延伸，不侷限在裝飾，例如棉花糖和香草植物，都能為口感和味道加分。

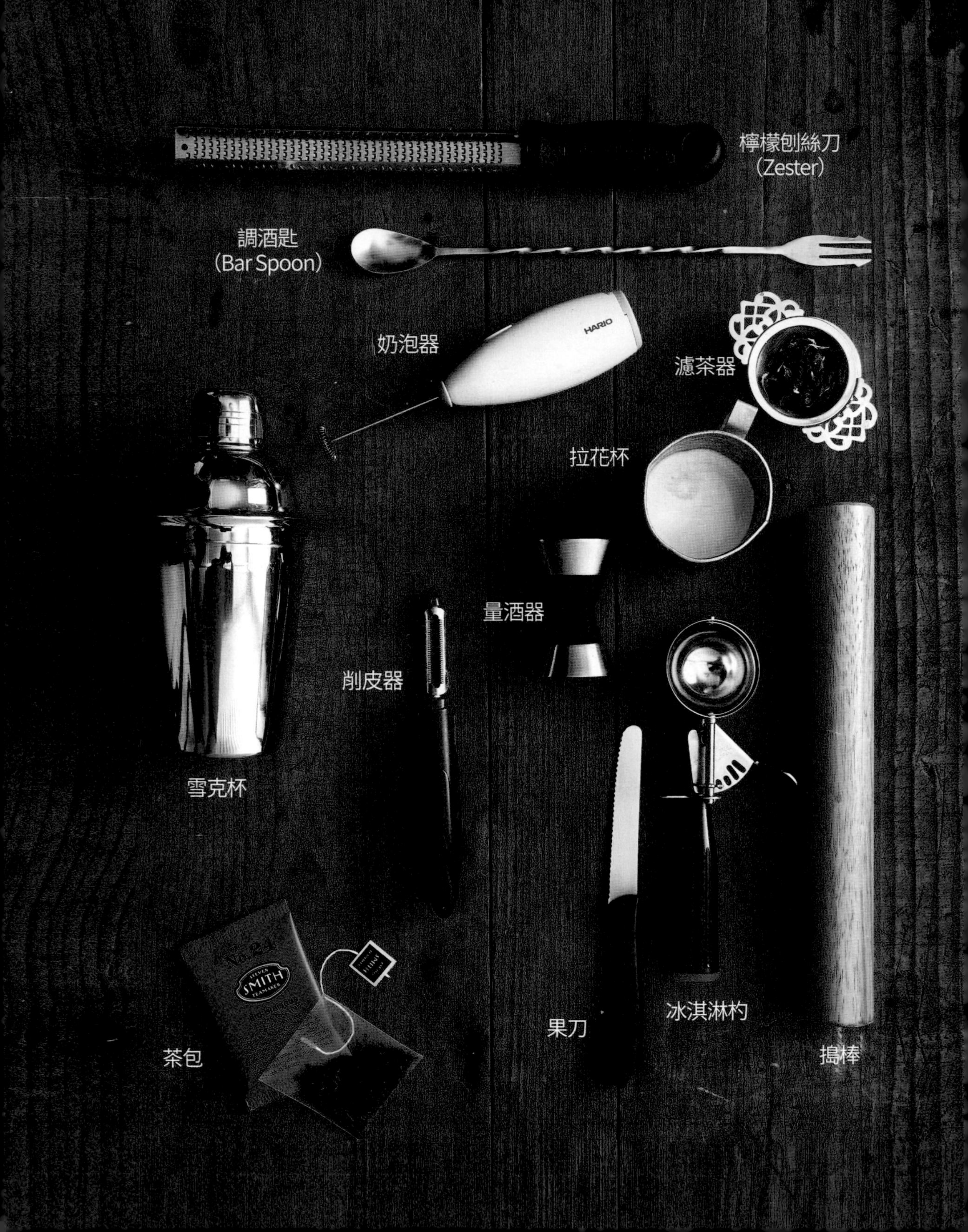
檸檬刨絲刀
(Zester)
調酒匙
(Bar Spoon)
奶泡器
HARIO
濾茶器
拉花杯
量酒器
削皮器
雪克杯
SMITH
冰淇淋杓
果刀
茶包
搗棒

風味茶的外衣

STEP 1　準備

計量匙：計量材料的基本工具。請選擇材質好，用起來得心應手的。

計量杯：用來計量白開水或流體物質。材質多樣，有不鏽鋼、玻璃等選擇，請依照喜好挑選。

量酒器：亦屬於計量杯的一種，計量範圍較小。可用燒酒杯（1杯=300ml）替代。

果刀：用來切裝飾用的水果。

削皮器：可用來幫小黃瓜或柑橘類水果削皮。有T字形與一字形兩種。

檸檬刨絲刀：可將巧克力、堅果、辛香料、柑橘水果的皮刨成細絲。

冰淇淋杓：有多種尺寸與造型，尺寸大者用起來較為方便。

STEP 2　泡茶

濾茶器（Tea Strainer）：用於過濾茶葉的器具，雙層濾網的設計效果更好。

茶壺：泡茶時使用，建議選擇底部有圓弧的設計，這樣水倒進茶壺後，較容易產生對流，泡出來的茶湯比較濃淡均勻。

STEP 3　製作

搗棒：將水果或香草植物搗成汁液的工具，尺寸越大越好操作。

雪克杯：用於混合材料，可用口徑較大的密封罐替代。

牛奶壺&拉花杯：以微波爐加熱牛奶時派得上用場。

奶泡器：用來製作奶泡的工具，可用法式壓壺替代。

調理缽：利於將鮮奶油打發的容器。材質越冰涼越容易打發。

調理機：製作冰沙或思慕昔時使用，可用手持式調理棒或果汁機替代。

STEP 4　品嘗味道

酒匙：選擇有螺旋桿設計，更有利於攪拌液體。

高飛球杯：屬於不倒翁杯的一種，容量通常為180～300ml。適合用來裝冷飲。

香檳杯：適合用來裝碳酸飲料，因為口徑小，能拖延碳酸的流失。

不倒翁杯：沒有把手的平底大杯子，一般咖啡店、家庭愛用的杯子。尺寸多樣，可依照飲品特性挑選。

雙層杯：顧名思義，就是有雙層玻璃的杯子，玻璃和玻璃之間有間隔，因此隔熱的效果非常好，內容物也能看得一清二楚。

綠茶風味茶
Green Tea + Variation

綠茶是人類最早發明的茶飲，歷史相當久遠，每個國家喝綠茶的方式稍有不同。以綠茶為底茶的風味茶飲，因為更能顯現出綠茶獨特的清新香氣，近來開始廣受大眾歡迎，而且能夠調出各種顏色，幾乎沒有材料上的限制，做成風味茶飲可說是再適合不過。

＋氣泡水
Sparkling Water

＋果汁
Juice

＋乳製品
Milk Products

綠茶，是茶的表率

世上存在著各式各樣的茶，但是追究其根源，是一脈相通的，因為都是取自茶樹（Camellia sinensis）。採茶後，因為工序的不同，茶的色澤、氣味以及味道也會連帶受到影響。一般說的六大基本茶，指的就是綠茶、紅茶、白茶、烏龍茶、黃茶與黑茶，其中的綠茶，由中國率先發明，以最悠久的歷史自豪。

蒸青綠茶＆炒青綠茶

綠茶依照製作方式不同，分成「蒸青綠茶」與「炒青綠茶」。蒸青綠茶是指利用蒸氣將茶葉蒸熟所製成，將茶葉放在大鐵鍋裡以大火炒熟的，就是炒青綠茶。中國的龍井茶、碧螺春以及韓國大部分的綠茶，都屬於炒青綠茶；日本的玉露茶、煎茶、玄米茶則屬於蒸青綠茶，鮮豔的綠色是其最大特徵，抹茶則是攪細碎的蒸青綠茶。

綠茶製作過程：採茶→殺青→萎凋→乾燥

採茶就是把茶葉摘採下來。摘採下來的茶葉，為了防止變色，會先利用蒸氣或大火炒的方式加熱處理，這就是殺青。換句話說，就是讓茶葉中的酸化酵素停止作用，就能防止茶葉變色。殺青後，接下來會經過數次的萎凋，用意在於破壞茶葉的細胞膜，增進茶葉的香氣和氣味，之後再烘焙乾燥，將水分完全去除，這麼一來，我們熟知的綠茶即大功告成。

綠茶保存方式：密閉容器、陰涼處

由於綠茶容易吸收空氣中的濕氣與氣味，所以必須放在密閉容器裡存放。請將綠茶和乾燥劑一併放進容器裡，置於陰涼且通風良好的地方存放。綠茶粉務必以真空包裝，或放進密閉容器裡保存，才能維持鮮綠顏色。若長期暴露在空氣裡，綠茶粉的顏色會轉變成橄欖色，味道也會越來越淡。

[綠茶的種類：中國、日本、韓國的代表茶]

雨前

味道濃馥的雨前，是趕在穀雨（4月中旬）前所生產的茶，採用冬後春天新發的茶葉，不管是味道還是香氣都屬上品。新芽在熬過冷冽的冬天之後，喝起來更是別有一番風味。

細雀

穀雨之後趕在立夏前（5月初）摘取的茶葉所製成的茶，因為茶葉看起來像麻雀的舌頭，所以又有「雀舌茶」的別稱。跟雨前一樣，都是以新芽製成，葉子較小，帶有穀物香與清新茶葉氣味。

西湖龍井

因為產地位於中國浙江省杭州溪湖一帶，所以一般稱為「龍井茶」。茶葉色澤翠綠，苗鋒像刀子一樣削尖，隱約散發出的芬芳氣味與茶葉香氣，邂逅出怡人的花香之氣。

碧螺春

趕在穀雨之前所生產的茶，因為只使用新芽部位，多半靠人工摘取。產地位於中國江蘇省吳縣太湖洞庭山。捲曲似螺、略帶銀色光澤的茶葉為一大特徵，因聞起來像花一樣香甜，又略帶點淡淡草香，而廣受歡迎。

玉露

「玉露」是日本等級最高的綠茶，採用遮光的栽培方式，以黑布將陽光遮擋住，因此茶葉格外嬌嫩，沖泡後較沒有苦澀味。

煎茶

「煎茶」是日本綠茶之一，佔日本綠茶市場的85％，可想而知深受一般大眾歡迎。跟玉露一樣，都是利用蒸氣進行殺青的蒸青綠茶，品質越高者味道更香更甘甜。

玄米茶

煎茶混入玄米所製成的混合茶，喝起來相當清香。除了玄米，也有加入少量炒米或綠茶（綠茶粉）的產品。

[**好喝綠茶沖泡攻略：** 2克／70～75℃／50～70ml／1～1分30秒]

最適合沖泡綠茶的水溫：70～75℃

綠茶的沖泡，關鍵在於水溫，
跟必須以滾燙開水沖泡的紅茶大相逕庭。
沖泡綠茶時，水溫不能太高，
才能防止茶葉釋出太多單寧成分，而使苦澀味變重。
韓國與中國綠茶的沖泡溫度建議維持在70～75℃，
日本綠茶更低，最好在50～60℃。
簡單來說，沖泡綠茶的水溫越低，
因為苦澀味相對減少，喝起來就越甘甜。
水量取決於茶葉量，以1杯綠茶來說，
2克的茶葉建議注入50～70ml的水，
沖泡時間則以1～1分30秒為合宜。

綠茶茶包＆綠茶粉

使用茶包時，沖泡的溫度跟茶葉一樣。
不過茶包因其特性使然，茶的成分容易沉積在底部，
無法維持味道的一致性。因此沖泡時，
最好能將茶包上下搖晃，以保持味道的一致性。
沖泡綠茶粉時，注入熱水之後，
需以茶筅快速攪拌到起泡，必須使用滾燙開水，
才能快速起泡，喝起來才不至於太苦澀。
2克的綠茶粉建議注入60ml的熱水沖泡。

以綠茶為底茶製作風味茶

風味茶欲以綠茶做底茶時，
茶必須泡濃一點，
才不會被其他材料的味道蓋過，
保留更多的綠茶風味。
建議沖泡時，以高溫熱水沖泡5分鐘，
加強綠茶的苦澀味。若是講究綠茶原本氣味，
可以70～75℃的熱水長時間浸泡，
便能延展綠茶的香氣。以1杯綠茶為基準，
2克的茶葉注入100～150ml的水為合宜。

[綠茶風味茶完美配角]

綠茶＋果汁

以綠茶為底茶，搭配各種美好的味道與香氣所調製的風味茶。這款果汁風味茶的重點，除了原有的綠茶香，還能保留茶澀味。善用會用到的水果、果汁或香草植物做裝飾，是為這款飲品加分的妙招。

綠茶＋乳製品

就廣泛的定義來說，其實就是一般熟知的奶綠，不過並非只是綠茶加牛奶，而是同時保留兩種飲料的特性，創造出更絲滑口感。綠茶粉比茶葉更佳，保留綠茶的苦澀味是最大關鍵。如果綠茶粉沒有均勻散開來，便會有味道不均的問題，因此請盡可能攪拌均勻。

綠茶＋氣泡水

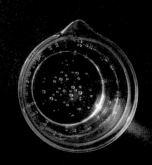

為綠茶與碳酸所进出的火花。將茶葉浸泡在碳酸飲料或氣泡水裡做成冷泡菜，可帶出濃郁的綠茶氣味。碳酸在低溫下口感會更明顯。因此，若想強調碳酸口感，可將碳酸飲料、氣泡水或氣泡冷泡綠茶先冰鎮過再使用。

[與綠茶最對味的材料]

調製風味茶，綠茶是最適合不過的了，
因為跟任何材料都很對味，而且不管怎麼搭配，
也不會讓綠茶失去一丁半點的風采。
底下介紹跟綠茶特別對味的材料。

綠茶＋葡萄柚	葡萄柚特有的苦澀後勁，與綠茶的苦澀味相當合拍，兩者加在一起能創造出天然清爽風味。
＋柚子	綠茶的苦澀味，能為柚子的酸甜口感產生畫龍點睛的作用，味道會變得很豐富。
＋香草植物	綠茶跟任何一種花草茶都很搭，不過要注意，不能讓香草植物的味道太搶戲。
＋乳製品	我們都知道，牛奶、鮮奶油、冰淇淋跟抹茶很搭，其實跟綠茶亦屬天作之合，能夠讓綠茶變得更順口。
＋巧克力	綠茶跟巧克力算是天生絕配。巧克力的苦味撐得起綠茶的苦澀味，讓味道更升一級。
＋紅豆	紅豆跟綠茶可說是絕妙組合，只要準備好紅豆泥，輕鬆就能做出好喝的紅豆綠茶風味飲。
＋小黃瓜	當小黃瓜邂逅綠茶香氣，能夠創造出另一種清新的感覺，在夏天絕對是上乘材料。此外，跟荔枝、芥末也很搭。

楓糖葡萄柚綠茶飲

綠茶搭配葡萄柚汁與楓糖所調製出的風味飲。葡萄柚的酸苦與楓糖的香甜，能跟綠茶迸出不凡口味，是能充分享受葡萄柚與綠茶的夢幻組合。

材料 ASSEMBLE

基底	綠茶1小匙（2克）
液態水	100％葡萄柚汁30ml、水150ml、冰塊適量
糖漿	楓糖漿10ml
裝飾	葡萄柚片1/2個

做法 RECIPE

A　將2克綠茶放進茶壺，注入150ml滾燙熱水沖泡5分鐘。

B　將楓糖漿與葡萄柚汁倒入杯內攪拌。

C　杯內加滿冰塊，綠茶過濾後仔細倒入杯內。

D　以1/2片葡萄柚片裝飾。

COOL

芒果綠茶飲

利用熱帶水果特有的強烈氣味，為單調的
綠茶注入活力，金黃色澤的芒果和鮮綠色
的辣薄荷，在視覺上能增加清涼感。

材料 ASSEMBLE

基底	綠茶1小匙（2克）
液態水	芒果汁30ml、水150ml
	冰塊適量
糖漿	糖漿10ml
裝飾	芒果片2～3個、辣薄荷1小株

做法 RECIPE

A　將2克綠茶放進茶壺，注入150ml滾
　　燙熱水沖泡5分鐘。

B　將糖漿與芒果汁倒入杯內攪拌。

C　杯內加滿冰塊，綠茶過濾後仔細倒入
　　杯內。

D　以2～3片芒果片與辣薄荷株做裝飾。

藍莓紅醋綠茶飲

利用紅醋完成這款別具風味的飲品。酸溜溜的口感和果香，是製作風味茶的特殊材料，紅醋與綠茶譜出的口感，絕對讓人眼睛為之一亮。

材料 ASSEMBLE

基底	綠茶1小匙（2克）
液態水	藍莓紅醋20ml、水150ml、冰塊適量
糖漿	糖漿20ml
裝飾	藍莓10粒、檸檬片1/2個

做法 RECIPE

A　將2克綠茶放進茶壺，注入150ml滾燙熱水沖泡5分鐘。

B　將糖漿與藍莓紅醋倒入杯內攪拌。

C　杯內加滿冰塊，綠茶過濾後仔細倒入杯內。

D　以藍莓和檸檬片做裝飾。

HOT

摩洛哥薄荷茶飲

深受北非摩洛哥人喜愛的風味茶。濃茶搭配方糖和薄荷葉所調製成，有方糖加持的綠茶，跟薄荷尤其對味。

材料 ASSEMBLE

基底	珠茶1小匙（2克）、 蘋果薄荷葉8片
液態水	水200ml
糖漿	方糖2個

做法 RECIPE

A　茶壺與茶杯注入滾水沖熱。

B　將2克珠茶放進預熱好的茶壺裡，注入200ml滾燙熱水沖泡3分鐘。

C　將蘋果薄荷葉和方糖倒入沖熱的杯子裡。

D　綠茶過濾後倒入杯內。

HOT 柚子綠茶熱飲

適合在雨天或冷颼颼的天氣裡喝的熱茶。啜飲前記得先把沉在杯底的柚子酵素攪拌均勻，才能讓柚子的味道與香氣完全發揮。

材料 ASSEMBLE

基底	綠茶1小匙（2克）
液態水	水200ml
糖漿	柚子酵素50ml

做法 RECIPE

茶壺和茶杯以滾水沖熱。

將2克綠茶放進預熱好的茶壺裡，注入200ml滾燙熱水沖泡3分鐘。

將柚子酵素倒入沖熱的杯子裡。

倒一半綠茶進杯內，跟柚子酵素攪拌均勻。

倒入剩下的綠茶。

HOT 迷迭香蘋果綠茶熱飲

熱呼呼的綠茶，以迷迭香和蘋果增加氣味。迷迭香與蘋果的清爽，與綠茶尤其對味，感覺就像享用一杯美味的水果茶。

材料 ASSEMBLE

基底	綠茶1小匙（2克）、
液態水	迷迭香1小株
	水300ml
糖漿	蘋果糖漿30ml
裝飾	蘋果薄片1個

做法 RECIPE

茶壺和茶杯以滾水沖熱。

將2克綠茶放進預熱好的茶壺裡，注入300ml滾燙熱水沖泡3分鐘。

將迷迭香和蘋果糖漿倒入沖熱的杯子裡。

綠茶過濾後倒入杯內。

以蘋果薄片做裝飾。

COOL

熱帶綠茶飲

充滿異國風情的夏日聖品。芒果汁、鳳梨蘋果汁、椰奶放進雪克杯裡搖晃均勻，再放入綠茶和冰塊後加強力道搖晃，就能讓所有的果汁完美結合。

材料 ASSEMBLE

基底	綠茶1小匙（2克）
液態水	芒果汁15ml、鳳梨蘋果汁15ml、椰奶10ml、水150ml、冰塊適量
糖漿	糖漿20ml、檸檬汁10ml
裝飾	櫻桃1顆

做法 RECIPE

A　將2克綠茶放進茶壺，注入150ml滾燙熱水沖泡5分鐘。

B　綠茶過濾後倒入另一杯內冷卻至常溫。

C　將綠茶、櫻桃、冰塊以外的材料全部倒入雪克杯裡搖晃均勻。

D　加入120ml已經放冷卻的綠茶，接著加滿冰塊，加強力道搖晃8～10秒。

E　杯內加滿冰塊。

F　櫻桃以雞尾酒叉串起來做裝飾。

COOL 茉莉橘子綠茶飲

茉莉綠茶就是利用窨製，將茉莉花的花香融在綠茶裡。茉莉花的香氣跟橘子香氣完美結合，味道溫和不刺激，是一款能夠輕鬆享用的冰茶。

材料 ASSEMBLE

基底	茉莉綠茶1小匙（2克）
液態水	30ml 100%橘子汁、水150ml、冰塊適量
糖漿	糖漿10ml
裝飾	橘子片1個

做法 RECIPE

A　將2克茉莉綠茶放進茶壺，注入
　　150ml滾燙熱水沖泡5分鐘。

B　將糖漿、橘子汁倒入杯內攪拌。

C　杯內加滿冰塊，茉莉綠茶過濾後
　　仔細倒入杯內。

D　以橘子片做裝飾。

33

COOL

椰子鳳梨綠茶飲

散發出濃郁椰子和鳳梨香氣的綠茶飲。加入椰子水的綠茶，隱隱約約帶點熱帶氣息，是此款飲品的最大魅力。

材料 ASSEMBLE

基底	綠茶1小匙（2克）
液態水	椰子水30ml、水150ml、冰塊適量
糖漿	糖漿15ml、鳳梨片1/2個
裝飾	鳳梨片1/2個、櫻桃1顆

做法 RECIPE

A　將2克綠茶放進茶壺，注入150ml滾燙熱水沖泡5分鐘。

B　將糖漿、椰子水、1/2個鳳梨片放入杯內，以搗棒搗成粗泥。

C　杯內加滿冰塊，綠茶過濾後仔細倒入杯內。

D　將鳳梨片切成適當大小，跟櫻桃串在一起做裝飾。

COOL

檸檬萊姆綠茶飲

綠茶加上炒過的玄米茶,散發出誘人的氣味。帶有米香和茶香的玄米茶,與檸檬、萊姆的氣味搭配起來意外對味。

材料 ASSEMBLE

基底	玄米茶1小匙（2克）
液態水	水150ml、冰塊適量
糖漿	糖漿20ml、檸檬1/4個、萊姆1/4個
裝飾	蘋果薄荷1小株

做法 RECIPE

A   將2克玄米茶放進茶壺,注入150ml滾燙熱水沖泡5分鐘。

B   將糖漿、帶皮檸檬與萊姆倒入杯內,以搗棒用力將皮油味搗出。

C   杯內加滿冰塊,玄米茶過濾後仔細倒在冰塊上。

D   以蘋果薄荷做裝飾。

COOL & HOT

維也納綠茶

這款奶綠使人聯想起艾斯班拿咖啡。艾斯班拿的原意是指「一匹馬拉的馬車」，因為馬車在行駛過程中，容易引起咖啡翻覆，所以便在咖啡上面加一層奶油，好方便拿著喝。飲用時，建議奶油和綠茶分開品嘗，不必攪散。

材料 ASSEMBLE

基底	綠茶粉1小匙（2克）
液態水	鮮奶油50ml、牛奶150ml、COOL 冰塊適量
糖漿	煉乳30ml、糖漿10ml
裝飾	綠茶粉些許

做法 RECIPE

Cool
A　將綠茶粉與30ml牛奶倒入杯內攪拌。
B　杯內加滿冰塊，加入糖漿和120ml牛奶攪拌。
C　將鮮奶油和煉乳放進容器裡，以攪拌器稍微打發。
D　將打發的鮮奶油倒進 B，撒上少許綠茶粉做裝飾。

Hot
A　將150ml牛奶倒入牛奶壺，微波爐加熱40秒。
B　綠茶粉、30ml加熱過的牛奶倒入杯內攪拌。
C　接著加入糖漿、剩下的熱牛奶攪拌。
D　將鮮奶油和煉乳放進容器裡，以攪拌器稍微打發。
E　將打發的鮮奶油倒進 C，撒上少許綠茶粉做裝飾。

哈密瓜思慕昔

哈密瓜和火龍果的香氣，再加上支配性強烈的THEODOR加味綠茶Péché Mignon（甜瓜和異國水果）調製成思慕昔。當綠茶遇上哈密瓜與牛奶，就像品嘗哈密瓜冰棒的心情。

材料 ASSEMBLE

基底	Péché Mignon（THEODOR／甜瓜加味綠茶）1小匙（2克）
液態水	哈密瓜1/4個 牛奶20ml、水130ml、 冰塊8～9個
糖漿	糖漿10ml
裝飾	哈密瓜片1個

做法 RECIPE

A　將2克Péché Mignon放進茶壺，注入130ml滾燙熱水沖泡5分鐘。

B　Péché Mignon過濾後倒入另一杯內冷卻至常溫。

C　將糖漿、牛奶、冰塊、1/4個哈密瓜、90ml放冷卻的Péché Mignon加味綠茶放進調理機裡。

D　啟動調理機，將冰塊完全打碎。

E　將打好的冰沙倒進杯子裡，以哈密瓜片裝飾。

`HOT` 蜂蜜印地安奶綠熱飲

利用薑黃和蜂蜜調製出令人耳目一新的飲品。味道苦嗆的薑黃，跟綠茶粉、牛奶和蜂蜜，出人意料的對味，好看的芥末色，也為飲品帶來畫龍點睛的效果。

材料 ASSEMBLE

基底	綠茶粉1小匙（2克）
液態水	牛奶150ml
糖漿	蜂蜜20ml、 薑黃粉1/2小匙（1克）
裝飾	薑黃粉些許

做法 RECIPE

A　杯子以滾水沖熱。

B　將所有牛奶倒進牛奶壺裡，微波加熱30秒。

C　熱牛奶以奶泡器或法式熱壓壺打出奶泡。

D　將綠茶粉、薑黃粉、蜂蜜、少許熱牛奶倒入沖熱的杯子裡。

E　倒入剩餘牛奶，以些許薑黃粉做裝飾。

COOL 煉乳綠茶思慕昔

以綠茶粉和煉乳做成的思慕昔（奶昔），有了香草冰淇淋的加持，更增添一層
風味，呈現出的淺綠色在視覺上也是種享受。

材料 ASSEMBLE

基底	綠茶粉2小匙（4克）
液態水	香草冰淇淋3球（170克）、牛奶120ml
糖漿	煉乳30ml
裝飾	綠茶粉少許

做法 RECIPE

A 將裝飾用綠茶粉以外的材料全放進調理機裡。

B 啟動調理機，把所有材料打成細泥。

C 打好的奶昔倒進杯子裡，撒上綠茶粉做裝飾。

COOL 綠茶香蕉思慕昔

把香蕉與杏仁牛奶、綠茶粉一起打成冰沙，香蕉的香甜氣味引人食指大動。因為使用結凍的香蕉，更能突顯思慕昔的質感。

材料 ASSEMBLE

基底	綠茶粉1又1/2小匙（3克）、結凍香蕉1根
液態水	杏仁牛奶150ml、冰塊5～6個
糖漿	糖漿30ml、鹽些許
裝飾	結凍香蕉片2個

做法 RECIPE

A　將裝飾香蕉以外的所有材料放進調理機裡。

B　啟動調理機，將所有材料打碎。

C　將打好的冰沙倒進杯子裡，以碎香蕉片做裝飾。

HOT 豆漿奶綠熱飲

這是一款不加牛奶的奶綠，綠茶粉特殊香氣，搭配濃醇豆漿和黃豆粉所調製成，喝起來相當順口。

材料 ASSEMBLE

基底	綠茶粉1小匙（2克）
液態水	豆漿200ml
糖漿	黃豆粉1小匙（1克）、砂糖少許
裝飾	黃豆粉些許

做法 RECIPE

A　杯子以滾水沖熱。

B　將200ml豆漿倒進另一個杯內，微波加熱30秒。

C　將綠茶粉、黃豆粉、砂糖、少許熱豆漿倒入沖熱的杯子裡攪拌。

D　接著倒入剩餘的熱豆漿。

E　以些許黃豆粉做裝飾。

COOL 綠茶Oreo奶昔

以內蘊綠茶粉濃郁氣味的綠茶冰淇淋，還有
香甜巧克力作為提味所調製成的飲品。打碎
的巧克力餅乾，讓整個口感更升一級。

材料 ASSEMBLE

基底・液態水	綠茶冰淇淋4球（230克）、 Oreo餅乾3個
糖漿	牛奶45ml
裝飾	Oreo餅乾少許

做法 RECIPE

A　用刀子將Oreo餅乾中間的夾心刮除。

B　將裝飾餅乾以外的所有材料，放進調理機
　　裡。

C　啟動調理機，至所有材料打成細泥程度。

D　將打好的奶昔倒進杯子裡，撒上少許餅乾
　　碎片做裝飾。

綠茶巧克力飲

以綠茶粉和巧克力調製成的風味飲品，香甜巧克力跟綠茶粉苦澀的口感搭配起來是一絕，絕對是令人愉快的體驗。

材料 ASSEMBLE

基底	綠茶粉1小匙（2克）
液態水	牛奶200ml、冰塊適量
糖漿	巧克力醬25ml、 巧克力粉2大匙（18克）、 肉桂粉少許、鹽些許
裝飾	綠茶粉些許

做法 RECIPE

A   將巧克力醬、巧克力粉、肉桂粉、鹽倒進杯內。

B   將50ml牛奶與綠茶粉倒入另一杯內。

C   將50ml的牛奶微波加熱。

D   熱牛奶倒入 A 攪拌。

E   杯內加滿冰塊，倒入剩下的100ml牛奶。

F   接著再倒入 B，以些許綠茶粉做裝飾。

COOL

綠茶酪梨拉西

以印度知名的優格飲料拉西做成的飲品。綠茶搭配軟嫩的酪梨、酸優格創造出新口感，能提供充足的飽足感，可做為代餐飲料。

材料 ASSEMBLE

基底	綠茶粉1小匙（2克）、酪梨1個
液態水	無糖優格150ml、冰塊5～6個
糖漿	蜂蜜30ml、鹽些許
裝飾	蘋果薄荷1小株

做法 RECIPE

A　酪梨對切，取出果核，將果肉挖出後切片。

B　將蘋果薄荷以外的所有材料放進調理機中，保留1片酪梨。

C　啟動調理機，至冰塊完全打成細碎的程度。

D　將打好的冰沙倒進杯子裡，取1片酪梨和1小株蘋果薄荷做裝飾。

楓糖奶綠

添加楓糖的奶綠,能夠品嘗到楓糖獨特的香甜滋味
與焦糖風味,做成冷飲、熱飲都好喝。

材料 ASSEMBLE

基底	綠茶粉1小匙（2克）
液態水	牛奶200ml、**COOL** 冰塊適量
糖漿	楓糖20ml

做法 RECIPE

Cool

A　將楓糖和50ml牛奶倒入杯內攪拌。

B　將綠茶粉和50ml牛奶倒入另一杯內攪拌。

C　A 裝滿冰塊,倒入剩餘100ml牛奶。

D　將 B 倒進 C 裡。

Hot

A　將200ml牛奶倒入牛奶壺裡,微波加熱40秒。

B　將楓糖和50ml熱牛奶倒入杯內攪拌。

C　將綠茶粉和50ml牛奶到入另一杯內攪拌。

D　將 C 和剩餘牛奶倒進 B 裡。

COOL　蘋果肉桂飲

充滿蘋果與肉桂香氣的魅力氣泡飲。在加入蘋果汁的綠茶裡，放一根肉桂棒進去，肉桂的香氣就會慢慢融入綠茶之中。

材料 ASSEMBLE

基底	綠茶1小匙（2克）
液態水	100％蘋果汁30ml、 氣泡水1瓶（500ml）、水100ml
糖漿	楓糖15ml、檸檬汁5ml
裝飾	肉桂棒1根、蘋果片1個

做法 RECIPE

A　將2克綠茶放進茶壺，注入100ml滾燙熱水沖泡5分鐘。

B　綠茶過濾後倒入另一杯內冷卻至常溫。

C　取另一杯子，倒入楓糖、檸檬汁、蘋果汁攪拌。

D　取80ml冷卻的綠茶，沿著杯子內緣慢慢倒入。

E　接著以氣泡水填滿。

F　以蘋果片做裝飾，再放入一根肉桂棒。

薑汁檸檬綠茶飲

生薑雖然多用於冬季飲品，事實上也很適合夏季冷飲品的調製。味道嗆辣的生薑，加上新鮮檸檬，還有帶點苦澀味的綠茶，相信大家對這三節拍並不陌生。

材料 ASSEMBLE

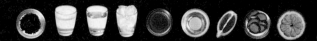

基底	綠茶1小匙（2克）
液態水	碳酸飲料1瓶（雪碧250ml）、水100ml、冰塊適量
糖漿	生薑糖漿10ml、糖漿10ml、檸檬汁10ml
裝飾	生薑片2個、檸檬片3個

做法 RECIPE

A 將2克綠茶放進茶壺，注入100ml滾燙熱水沖泡5分鐘。

B 綠茶過濾後倒入另一杯內冷卻至常溫。

C 將生薑糖漿、糖漿和檸檬汁倒入杯內攪拌。

D 杯內加滿冰塊，倒入80ml放冷卻的綠茶。

E 不足的部分以氣泡水填滿。

F 將生薑片和檸檬片放在冰塊之間做裝飾。

草莓綠茶飲

綠茶氣泡水再加上草莓糖漿，就能調製出風味獨特的綠茶飲。使用自己熬煮的草莓糖漿，喝起來更健康。

材料 ASSEMBLE

基底　　綠茶1大匙（5克）或
　　　　綠茶茶包2個
液態水　氣泡水1瓶（500ml）、
　　　　冰塊適量
糖漿　　草莓糖漿30ml
裝飾　　草莓片5個

做法 RECIPE

A　　將5克綠茶放在熱開水裡略微浸泡15秒後，取出綠茶裝進瓶裝氣泡水中，將蓋子緊緊蓋上，顛倒置於冰箱冷藏8～12小時。

B　　將草莓糖漿倒入杯內。

C　　杯內加滿冰塊，放5片草莓片進去。

D　　取180ml A 做好的綠茶氣泡水，過濾後倒入杯內。

COOL

藍莓薰衣草氣泡酒

氣泡酒屬於雞尾酒，是葡萄酒加上氣泡水
所調製而成。在這裡以藍莓薰衣草糖漿來
做成無酒精雞尾酒，藍莓與薰衣草在味覺
上的搭配相當出色。

材料 ASSEMBLE

基底	綠茶1大匙（5克）或
	綠茶茶包2個
液態水	氣泡水1瓶（500ml）
糖漿	藍莓薰衣草糖漿30ml、
	檸檬汁5ml
裝飾	藍莓5顆

做法 RECIPE

A　將5克綠茶放在熱開水裡略微浸泡15
　　秒後，取出綠茶裝進瓶裝氣泡水中，
　　將蓋子緊緊蓋上，顛倒置於冰箱冷藏
　　8～12小時。

B　將藍莓薰衣草糖漿和檸檬汁倒入杯內
　　攪拌。

C　將180ml A 做好的綠茶氣泡水過濾後
　　倒入杯內。

D　以藍莓做裝飾。

51

COOL

香草茉莉綠茶飲

茉莉綠茶加上香草冰淇淋的漂浮飲品，可以喝到綠茶，又能品嘗到可口的冰淇
淋。做法很簡單，先製作綠茶氣泡水，再跟冰淇淋一同享用。

材料 ASSEMBLE

基底	茉莉綠茶1大匙（5克）或茉莉綠茶茶包2個
液態水	氣泡水1瓶（500ml）、碎冰塊100克
糖漿	香草冰淇淋1球（55克）
裝飾	綠茶粉少許

做法 RECIPE

A 將5克茉莉綠茶放在熱開水裡略微
   浸泡15秒後，取出綠茶裝進瓶裝
   氣泡水中，將蓋子緊緊蓋上，顛
   倒置於冰箱冷藏8～12小時。

B 杯內加滿碎冰塊。

C 取250ml A 做好的綠茶氣泡水，
   過濾後倒入杯內。

D 舀1匙香草冰淇淋進去。

E 撒上滿滿的綠茶粉做裝飾。

COOL 荔枝小黃瓜綠茶飲

使用最具代表性的熱帶水果荔枝，搭配水分飽滿的小黃瓜所調製的氣泡茶飲。漂浮冷凍荔枝跟捲起來的小黃瓜切片，在視覺上的搭配相當特別。

材料 ASSEMBLE

基底	綠茶1小匙（2克）
液態水	荔枝果汁30ml、 碳酸飲料1瓶（雪碧250ml）、 水120ml、冰塊適量
糖漿	糖漿10ml、檸檬汁5ml
裝飾	冷凍荔枝3個、小黃瓜片4個、 蘋果薄荷1小株

做法 RECIPE

A 將2克綠茶放進茶壺，注入120ml滾燙熱水沖泡5分鐘。

B 綠茶過濾後倒入另一杯內冷卻至常溫。

C 將糖漿、檸檬汁、荔枝果汁倒入杯內攪拌。

D 將冰塊、荔枝粒、小黃瓜片捲起來放進杯內。

E 倒入100ml已經放冷卻的綠茶，剩餘空間以碳酸飲料填滿。

F 以蘋果薄荷做裝飾。

玄米茶飲

能夠突顯玄米茶特殊香氣的飲品，玄米和榛果出人意料之外的對味，萊姆汁口感酸爽，嘗一口便覺齒頰留香。

材料 ASSEMBLE

基底	玄米茶1小匙（2克）
液態水	氣泡水1瓶（500ml）、 水100ml、冰塊適量
糖漿	榛果糖漿15ml、萊姆汁5ml
裝飾	萊姆片1個

做法 RECIPE

A 將2克玄米茶放進茶壺，注入100ml滾燙熱水沖泡5分鐘。

B 玄米茶過濾後倒入另一杯內冷卻至常溫。

C 將榛果糖漿、萊姆汁倒入杯內攪拌。

D 杯內加滿冰塊，倒入80ml放冷的玄米茶。

E 剩餘空間以氣泡水填滿。

F 以萊姆片做裝飾。

COOL
鳳梨醋飲

歐洲人從很久以前就開始喝一種用醋和
甜味料調製的舒樂雞尾酒（Shrub），酸
溜溜的醋酸，加上甜味料的香甜口感，
在味覺上是一大魅力。我們除了使用鳳
梨醋，還添加了一味氣泡水來調製。

材料 ASSEMBLE

基底	綠茶1小匙（2克）
液態水	氣泡水1瓶（500ml）、 水100ml、冰塊適量
糖漿	糖漿30ml、鳳梨醋15ml
裝飾	鳳梨片1個

做法 RECIPE

A　將2克綠茶放進茶壺，注入100ml滾燙
　　熱水沖泡5分鐘。

B　綠茶過濾後倒入另一杯內冷卻至常溫。

C　將糖漿、鳳梨醋倒入杯內攪拌。

D　杯內加滿冰塊，倒入80ml放冷的綠茶。

E　剩餘空間以氣泡水填滿。

F　鳳梨片切成適當大小做裝飾。

冰抹茶

這是一道能夠充分享受到綠茶清香與味道的飲品，雖然能夠依照各人喜好添加一些香料，若想品嘗綠茶道地原味，則以不添加為上策。

材料 ASSEMBLE

基底	綠茶粉1小匙（2克）
液態水	氣泡水1瓶（500ml）、冰塊適量
裝飾	辣薄荷1小株

做法 RECIPE

A　將少許氣泡水和綠茶粉倒入杯內攪拌。

B　杯內加滿冰塊。

C　接著倒入剩餘氣泡水。

D　以辣薄荷做裝飾。

COOL

桑格利亞綠茶飲

桑格利亞是西班牙與葡萄牙的傳統飲料，特色就是含有葡萄酒。在這裡，我們將以葡萄汁取代葡萄酒，做成無酒精飲料，當派對飲料也很合適。

材料 ASSEMBLE

基底	綠茶茶包2個（5克）
液態水	葡萄汁300ml、氣泡水1瓶（500ml）、冰塊適量
糖漿	糖漿50ml、檸檬汁20ml
裝飾	葡萄20粒、柳橙1/2個、檸檬1/2個、萊姆1/2個、葡萄柚1/2個

做法 RECIPE

A　將2個綠茶包（5克）放在熱開水裡略微浸泡15秒後，取出綠茶包裝進瓶裝氣泡水中，將蓋子緊緊蓋上，顛倒置於冰箱冷藏8～12小時。

B　將水果橫斷面切片。

C　將切好的水果、糖漿、檸檬汁、葡萄汁放進玻璃冷水壺內攪拌。

D　冷水壺內加滿冰塊，倒入500ml A 做好的綠茶氣泡水。

E　倒入氣泡水之前，請先將桑格利亞稍微攪拌一下，讓綠茶和其他材料能均勻混合。

紅茶風味茶
Black Tea + Variation

紅茶是世界上最受歡迎的茶，除了種類繁多，口味也五花八門，甚至被比喻為茶界的葡萄酒，可應用在各種風味茶和飲料上。紅茶最大的特徵，就是入喉後清爽俐落的口感，當然也成為風味茶的獨特風味。

+氣泡水
sparkling
water

+果汁
Juice

+乳製品
Milk Products

扭轉世界的紅茶

紅茶可說是牽動世界的幕後主角。從中國與英國之間的鴉片戰爭，到引發美國獨立戰爭的波士頓傾茶事件，都跟紅茶有密不可分的關係。在過去，紅茶深受歐洲貴族喜愛，被視為奢侈品。後來，在英國人充滿血淚的努力之下才開始大眾化，最後終於成為深獲全世界喜愛的茶類。

單一產地茶 vs. 混合茶 vs. 特調紅茶

最早的紅茶起源於中國烏龍茶產地，也就是中國福建省五夷山。斯里蘭卡、印度、中國、肯亞等栽培地所出產的茶，稱為「單一產地茶」，而混合不同產地與氣味的茶，則稱為「混合茶」，英國的「早餐茶」即屬於此。近來可以看到與香草植物、花、水果等材料混合的紅茶，添加人工或天然香味的「特調紅茶」也不斷增加，例如水果紅茶、花香紅茶、香料紅茶，以及波旁威士忌紅茶。

紅茶製作過程：採葉→萎凋→揉捻→酸化→乾燥

紅茶的製作過程比綠茶來得繁瑣。茶葉摘取下來後，需仔細攤開來乾燥，這個過程是為萎凋，這時茶葉會蒸發掉40%的水分，成分會被濃縮。接下來會進行揉捻步驟，意即搓揉茶葉，破壞茶葉結構，然後將茶葉置於恆溫的發酵室酸化，此時茶葉會變成咖啡色。最後將變色的茶葉放進乾燥機或以碳火烘焙乾燥，就是我們喝的紅茶了。經過以上程序所製成的紅茶，一般稱為發酵茶（酸化茶）。

紅茶保存方式：密閉容器，陰涼處

紅茶並無保存期限，只有賞味期限。通常產品包裝盒上會印有「Best Before 日期」，意味著一旦過了賞味期限，紅茶的味道跟香氣都會大大減弱。在賞味期限之前享用完畢固然是上策，不過也不代表就必須丟棄，氣味變淡的紅茶，也可以做成糖漿善盡其用。

[紅茶的種類：中國、印度、斯里蘭卡 三大巨頭]

正山小種

紅茶的鼻祖。清朝初年，當時盛產烏龍茶的中國福建省地區，因為發生戰爭而無暇照顧茶葉，使茶葉完全酸化面臨被丟棄的命運，後來便以松木煙燻烘焙再製，而成為正山小種。此茶帶有淡淡水果香和煙燻香，相當受歐洲人歡迎。

祁門紅茶

中國安徽省著名的紅茶，與斯里蘭卡烏巴紅茶、印度大吉嶺紅茶並稱世界三大紅茶。因其特有的花香和果香見於世，而有「祁門香」的美譽，因製作過程相當繁瑣費工夫，被歸類為「工夫茶」。

阿薩姆紅茶

印度最具代表性的紅茶之一，以其產地為名，故稱為「阿薩姆紅茶」。阿薩姆紅茶是第一個在中國以外地區被發現的茶，到1830年初才受到認可。此款茶帶有麥芽香（malt），以及些微的玫瑰花香與果香，味道和色澤比較濃郁。

大吉嶺紅茶

印度的高級紅茶，有紅茶中的香檳之稱，產地在海拔超過2000公尺的大吉嶺地區，每年3次的產期落在春、初夏以及晚夏。以中國茶樹的茶葉製成，深受向來對中國茶情有獨鍾的英國人喜愛。

努沃勒埃利耶紅茶

斯里蘭卡最高海拔1868公尺高的地區所生產的紅茶，常被與印度高山地區栽培的大吉嶺紅茶相互比較。此款紅茶品嘗起來令人神清氣爽，而且帶有香甜花香，當純紅茶（Straight tea）享用最適合不過。

烏巴紅茶

世界三大紅茶之一，同時也是斯里蘭卡最具代表性的紅茶，拜立頓創始人，也就是英國的紅茶之王湯瑪斯·立頓所賜，「錫蘭（斯里蘭卡舊稱）茶」得以聞名全世界。為帶有薄荷香與成熟果香的濃縮紅茶。

頂普拉紅茶

產地位於斯里蘭卡西南部一帶，茶色是很典型的深琥珀色。雖然茶湯色澤較深，但是澀味較少，能感受到多種香味，尤其適合做成奶茶。花香與恰到好處的茶香、水果香達到相當微妙的平衡。

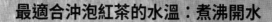

[好喝紅茶沖泡攻略：2～3克／100℃／300～400ml／3分鐘]

最適合沖泡紅茶的水溫：煮沸開水

只要有煮沸的開水，隨時隨地就能享用紅茶。
由於紅茶茶葉的大小和形狀相當多樣，
因此水量和沖泡時間格外重要，通常2～3克的紅茶，
以300～400ml的水量是最合適的。
雖然每一種茶的沖泡時間都有些微差異，
但原則上盡量以不超過5分鐘為主。特別是純紅茶，
若沖泡時間超過3分鐘，苦澀味就會益發厚重，需特別留意。

紅茶茶包 vs. 紅茶粉

在過去，紅茶茶包裡的茶葉，
大部分都是粉末形式，近來茶葉
入袋的茶包商品有增加的趨勢。
茶包和茶葉一樣，
沖泡時間以3分鐘為最佳，
如果是粉末形式的紅茶，
則最好不要超過3分鐘，
因為粉末茶葉的味道和氣味
釋放時間較短，如果超過3分鐘，
苦澀味便會明顯變強烈。

以紅茶為底茶製作風味茶

欲以紅茶做底茶製作風味茶時，
沖泡時間以5分鐘為佳，
1杯的水量以100～150ml為適當。
茶葉量可依照個人口味喜好增減，
不過還是建議維持在2克的量，
因為若超過這個量，
紅茶的單寧成分較多，
若遇到急遽的溫度變化，
會產生白濁現象（cream-dowm），
而使苦澀成分增加。

紅茶風味茶完美配角

紅茶＋果汁

氣味豐富的紅茶，若搭配清爽的果汁，就能調製出推陳出新的飲料，從原本單調的紅茶，變成可同時享受美味和韻味，充滿年輕感性的飲品。果香紅茶加上果汁，口感香氣會變得更加豐富，可利用不同紅茶和果汁做成各式風味茶。

紅茶

由傳統加牛奶的奶茶延伸出更多花樣的風味茶，將牛奶擴展到各式乳製品的應用，不管是在味道、質感上都有大躍進。例如以含奶油的冰淇淋和起司，能變出不同口味口感的奶茶。不同於傳統奶茶的味道，除了厚重感，還多了鹹香與香甜的口感。

紅茶＋氣泡水

紅茶若加上氣泡水，飲料的印象就會變得更強烈，碳酸的氣泡口感，最適合做成夏天飲品。紅茶只要加入碳酸飲料或氣泡水，就能做成紅茶氣泡飲。如果家裡有氣泡水機，便可直接使用，直接與紅茶混合即可。

[與紅茶最對味的材料]

大部分的紅茶跟水果都很對味，
當然除了水果，也有其他能夠搭配紅茶的材料，
底下特別推薦幾款材料。

紅茶 + 香料	紅茶跟肉桂、小豆蔻和生薑可說是絕配，知名的印度奶茶就是加入許多香料調味的飲品。
+焦糖	像巧克力、焦糖等跟咖啡合拍的材料，也很適合加在紅茶裡。尤其是海鹽焦糖，可以做成鹹甜口感的飲品。
+葡萄乾	葡萄乾的香甜氣味更能突顯出紅茶的清香，可以做成糖漿加在紅茶裡。
+奶油	紅茶和奶油可說是天生一對，奶油、鮮奶油、卡士達奶油都能使用，能夠更豐富奶茶的口感。
+柑橘類	柑橘水果是紅茶風味茶的核心材料，尤其是伯爵茶，可以享受到多種柑橘水果香氣。
+水蜜桃	水蜜桃特有的酸甜滋味，能夠增加紅茶的清香，可利用糖漿、果汁、果泥等多種型態的水蜜桃，來增添茶的風味。
+蘋果	蘋果本身若有似無的酸澀後勁，遇到紅茶後，將帶來更清爽俐落的口感。
+香草	加入一點香草精或香草糖漿，就能把其他材料的氣味帶上來，市面上有許多單獨與紅茶混合的產品。

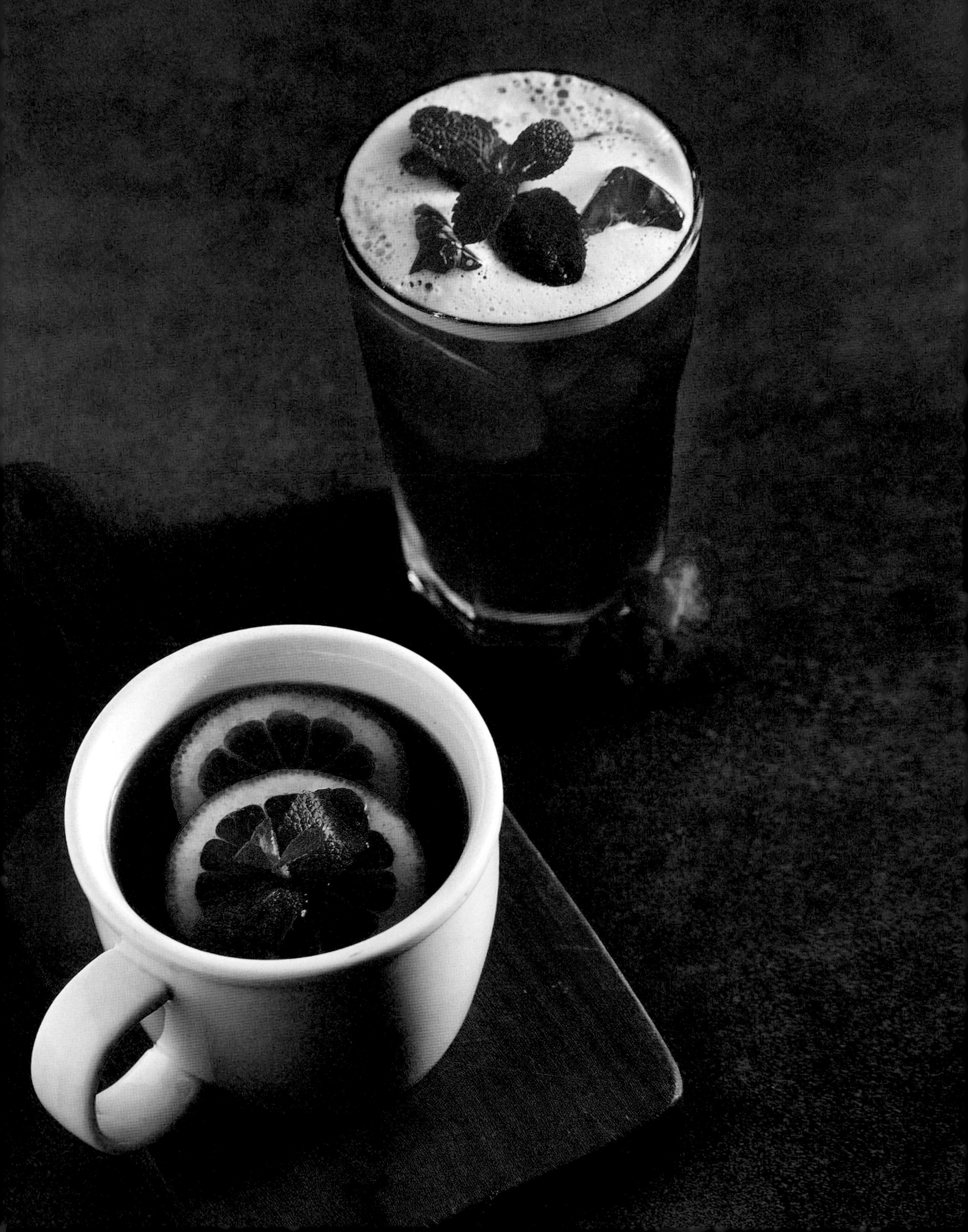

COOL & HOT

蜜桃冰茶

一提到冰茶，很多人會想起立頓出品的蜜桃冰茶，在這裡將會以更奢華的形式出場。只要再加上少許蘋果汁，就能讓味道變得更清爽豐富。

材料 ASSEMBLE

基底	水蜜桃紅茶茶包1個
液態水	蘋果汁15ml、水150ml、**COOL** 冰塊適量
糖漿	糖漿30ml
裝飾	檸檬片2個、蘋果薄荷1小株

做法 RECIPE

 Cool

A　將1個水蜜桃紅茶茶包放進茶壺，注入150ml滾燙熱水沖泡5分鐘。

B　將糖漿、蘋果汁倒入杯內攪拌。

C　杯內加滿冰塊，仔細將水蜜桃紅茶倒入。

D　以檸檬片和蘋果薄荷做裝飾。

Hot

A　茶壺與茶杯注入滾水沖熱。

B　將1個水蜜桃紅茶茶包放進茶壺，注入150ml滾燙熱水沖泡5分鐘。

C　將糖漿、蘋果汁倒入沖熱的杯內攪拌。

D　仔細將水蜜桃紅茶倒入杯內，以檸檬片和蘋果薄荷做裝飾。

柑橘檸檬大吉嶺冰茶

噙著麝香葡萄香氣的大吉嶺紅茶，加上柑橘水果果汁，就能完成一杯水果香氣濃郁的冰茶。

材料 ASSEMBLE

基底	大吉嶺紅茶1小匙（2克）
液態水	100%柳橙汁15ml、 水130ml、冰塊適量
糖漿	糖漿30ml、檸檬汁10ml
裝飾	柳橙片1個、檸檬片2個

做法 RECIPE

A 　將2克大吉嶺紅茶放進茶壺，注入130ml滾燙熱水沖泡5分鐘。

B 　將糖漿、檸檬汁、柳橙汁倒入杯內攪拌。

C 　杯內加滿冰塊，大吉嶺紅茶過濾後仔細倒入杯內。

D 　柳橙片和檸檬片放在冰塊之間做裝飾。

COOL

草莓果泥冰茶

以草莓果泥做成的冰茶。果泥代替糖漿或
果汁，也能做出新鮮果汁的效果，這一道
是韓國途尚咖啡館的人氣商品。

材料 ASSEMBLE

基底	草莓紅茶茶包1個、草莓4個
液態水	水150ml、冰塊適量
糖漿	糖漿20ml
裝飾	蘋果薄荷1小株

做法 RECIPE

A　將1個草莓紅茶茶包放進茶壺，注入
　　150ml滾燙熱水沖泡5分鐘。

B　將3個草莓和糖漿放進調理機裡打成
　　泥。

C　杯內加滿冰塊，仔細倒入草莓紅茶。

D　剩下的草莓切片，放在冰塊之間。

E　將草莓泥倒入，以蘋果薄荷做裝飾。

芒果草莓冰茶

帝瑪（Dilmah）的芒果草莓紅茶，是一款帶有強烈芒果香與草莓香的特調紅茶，加上新鮮芒果和草莓做裝飾，感受隨著時間變濃郁的水果香氣。

材料 ASSEMBLE

基底	芒果草莓紅茶（帝瑪/芒果＆草莓特調紅茶）茶包1個
液態水	水150ml、冰塊適量
糖漿	糖漿20ml、萊姆汁5ml
裝飾	新鮮芒果片5個、草莓片3個、蘋果薄荷1小株

做法 RECIPE

A　將芒果草莓紅茶茶包放進茶壺，注入150ml滾燙熱水沖泡5分鐘。

B　將糖漿、萊姆汁倒入杯內攪拌。

C　杯內加滿冰塊，仔細將芒果草莓紅茶倒入。

D　以新鮮芒果片、草莓片和蘋果薄荷做裝飾。

COOL

蔓越莓玫瑰冰茶

以蔓越莓和玫瑰紅茶調製成的冰茶。福南
梅森（Fortnum&Mason）的玫瑰包種茶，
是一款散發出玫瑰香氣的特調紅茶，相當
適合做成冰茶。再加上新鮮玫瑰花瓣做裝
飾，就是最浪漫的飲品。

材料 ASSEMBLE

基底	玫瑰包種茶（福南梅森 / 玫瑰紅茶） 1小匙（2克）
液態水	蔓越莓果汁30ml、 水150ml、冰塊適量
糖漿	糖漿15ml
裝飾	萊姆片1個、玫瑰花瓣1片

做法 RECIPE

A　將2克玫瑰包種茶放進茶壺，注入
　　150ml滾燙熱水沖泡5分鐘。

B　將糖漿、蔓越莓果汁倒入杯內攪拌。

C　杯內加滿冰塊，玫瑰包種茶過濾後仔
　　細倒入杯內。

D　以萊姆片和玫瑰花瓣做裝飾。

五味子肉桂冰茶

COOL & HOT

五味子因同時具有酸、辛、苦、鹹、甘五種味道而得名,與一般當茶飲或酵素飲用的肉桂紅茶亦相當對味。

材料 ASSEMBLE

基底	聖誕茶(Noel Tea)(瑪黑兄弟肉桂紅茶)1小匙(2克)
液態水	水150ml、**COOL** 冰塊適量
糖漿	五味子酵素30ml
裝飾	檸檬片1個、肉桂棒1根

做法 RECIPE

Cool

A　將2克聖誕茶放進茶壺,注入150ml滾燙熱水沖泡5分鐘。

B　聖誕茶過濾後倒入另一杯內冷卻至常溫。

C　將五味子酵素以及120ml放冷卻的聖誕茶倒入雪克杯內。

D　C 加滿冰塊後,用力搖晃8～10秒。

E　杯內加滿冰塊,將 D 倒入。

F　以檸檬片和肉桂棒做裝飾。

Hot

A　茶壺和茶杯以滾水沖熱。

B　將2克聖誕茶放進茶壺,注入150ml滾燙熱水沖泡5分鐘。

C　將五味子酵素倒入沖熱的杯內。

D　聖誕茶過濾後倒入杯內攪拌。

E　以檸檬片和肉桂棒做裝飾。

COOL 藍莓芒果冰茶

藍莓紅茶與芒果汁的邂逅，讓這款冰茶充滿了濃濃的熱帶水果風情，香草糖漿讓味道變得更特別。冰塊之間漂浮著藍莓果粒，在視覺上亦相當特別。

材料 ASSEMBLE

基底	藍莓紅茶茶包1個
液態水	芒果汁30ml、水150ml、冰塊適量
糖漿	香草糖漿10ml
裝飾	藍莓10個

做法 RECIPE

A　將藍莓紅茶茶包放進茶壺，注入150ml滾燙熱水沖泡5分鐘。

B　將香草糖漿和芒果汁倒入杯內攪拌。

C　杯內加滿冰塊，仔細將藍莓紅茶倒入。

D　放入藍莓果粒做裝飾。

COOL 檸檬萊姆羅勒冰茶

檸檬萊姆紅茶搭配羅勒香氣所調製成的冰茶，請品嘗果香紅茶
與香草植物結合出的滋味。

材料 ASSEMBLE

基底	檸檬萊姆紅茶（帝瑪/檸檬＆萊姆紅茶）茶包1個
液態水	水120ml、冰塊適量
糖漿	糖漿30ml、羅勒葉2片、檸檬1/2個
裝飾	檸檬片1個、羅勒葉1片

做法 RECIPE

A　將1個檸檬萊姆紅茶茶包放進茶壺，
　　注入120ml滾燙熱水沖泡5分鐘。

B　將1/2個檸檬切半放入杯內，連同糖
　　漿與2片羅勒葉用搗棒搗碎。

C　杯內加滿冰塊，仔細將檸檬萊姆紅
　　茶倒入。

D　以檸檬片和羅勒葉做裝飾。

蜂蜜葡萄柚紅茶

此款是星巴克人氣商品蜂蜜葡萄柚紅茶的延伸應用，齒頰間散開來的葡萄柚香氣，搭配紅茶略帶苦澀的後勁，是頂級冰茶才有的口感。如果沒有葡萄柚酵素，可用葡萄柚糖漿或葡萄柚冰沙替代。

材料 ASSEMBLE

基底	錫蘭紅茶1小匙（2克）
液態水	水150ml、**COOL** 冰塊適量
糖漿	葡萄柚酵素30ml、蜂蜜15ml
裝飾	葡萄柚片

做法 RECIPE

 Cool

A　將錫蘭紅茶放進茶壺，注入150ml滾燙熱水沖泡5分鐘。

B　將葡萄柚酵素和蜂蜜倒入杯內攪拌。

C　杯內加滿冰塊，錫蘭紅茶過濾後仔細倒入杯內。

D　以葡萄柚片做裝飾。

Hot

A　茶壺與茶杯注入滾水沖熱。

B　將錫蘭紅茶放進茶壺，注入150ml滾燙熱水沖泡5分鐘。

C　將葡萄柚酵素和蜂蜜倒入沖熱的杯子裡攪拌。

D　錫蘭紅茶過濾後仔細倒入杯內，放入葡萄柚片。

伯爵檸檬冰沙

COOL

伯爵茶的佛手柑香氣，與檸檬的柑橘香氣，是極為美妙的搭配，既可以享受檸檬冰沙，又能喝到伯爵茶。

材料 ASSEMBLE

基底	伯爵茶1小匙（2克）
液態水	水150ml、冰塊8個
糖漿	糖漿45ml、檸檬汁30ml
裝飾	檸檬片1個、辣薄荷1小株

做法 RECIPE

A　將2克伯爵茶放進茶壺，注入150ml滾燙熱水沖泡5分鐘。

B　伯爵茶過濾後倒入另一杯內冷卻至常溫。

C　將糖漿、檸檬汁、冰塊放進調理機裡打成細碎。

D　將 C 做好的檸檬冰沙倒入杯內。

E　仔細倒入放冷卻的伯爵茶，以檸檬片和辣薄荷做裝飾。

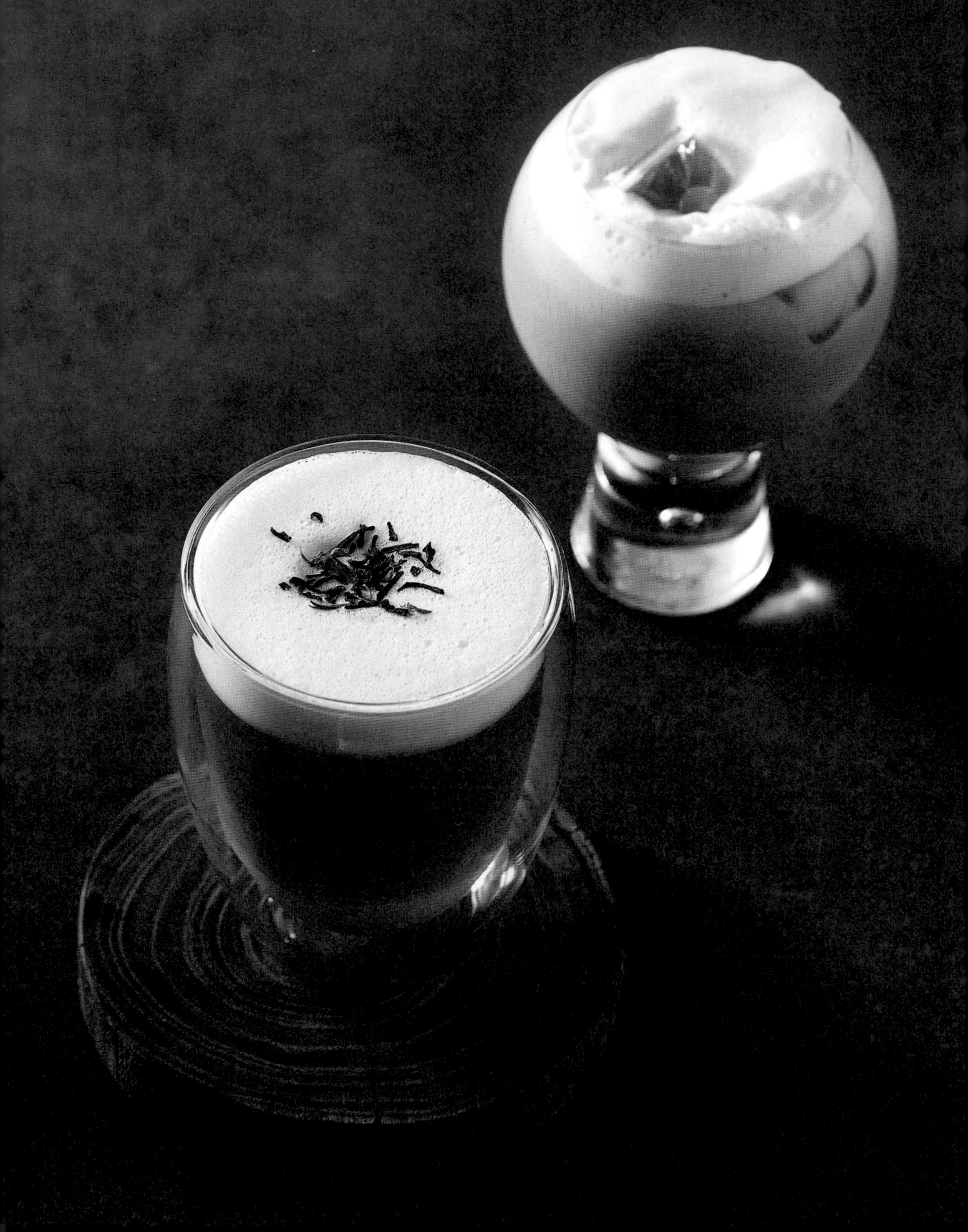

倫敦之霧

不同於名稱所示，這道飲品來自加拿大。濃郁的伯爵茶上面浮著一層奶泡，看起來就像瀰漫的白霧，而得此名。以薰衣草糖漿取代傳統的蜂蜜和香草糖漿，更顯現出不凡特色。

材料 ASSEMBLE

基底	伯爵茶2小匙（4克）
液態水	牛奶100ml、水120ml、**COOL** 冰塊適量
糖漿	薰衣草糖漿10ml
裝飾	伯爵茶些許

做法 RECIPE

 Cool

A 將4克伯爵茶放進茶壺，注入120ml滾燙熱水沖泡5分鐘。

B 伯爵茶過濾後倒入另一杯內冷卻至常溫。

C 牛奶以奶泡器打出奶泡。

D 將薰衣草糖漿和放冷卻的伯爵茶倒入杯內攪拌。

E 杯內加滿冰塊，倒入 C 做好的奶泡。

F 撒上些許伯爵茶。

Hot

A 茶壺與茶杯注入滾水沖熱。

B 將4克伯爵茶放進茶壺，注入120ml滾燙熱水沖泡5分鐘。

C 牛奶倒入牛奶壺，微波爐加熱30秒後，以奶泡器打成奶泡。

D 將伯爵茶倒入沖熱的杯子裡。

E 倒入薰衣草糖漿攪拌均勻後，再倒入 C 做好的奶泡。

F 奶泡上面撒上些許伯爵茶做裝飾。

COOL 奶蓋紅茶

中國連鎖飲料店開發出的飲品,又名「起司茶」,一推出就引發一波熱潮。這道飲品最大特色就是覆蓋在冰茶上面的起司奶油,喝起來香甜中帶著鹹味,除了紅茶,底茶也可以換成綠茶和烏龍茶。

材料 ASSEMBLE

基底	早餐茶1小匙(2克)
液態水	水150ml、冰塊適量
糖漿	糖漿15ml
裝飾	起司奶油(150ml打發鮮奶油、120ml牛奶、5克煉乳、2克鹽、3克糖、5克奶油起司)

做法 RECIPE

A　將打發鮮奶油、牛奶、煉乳、鹽、糖、奶油起司放進容器裡攪拌,做成起司奶油。

B　將2克早餐茶放進茶壺,注入150ml滾燙熱水沖泡5分鐘。

C　將糖漿倒入杯內,加滿冰塊。

D　早餐茶過濾後仔細倒入杯內。

E　再倒入 A 做好的起司奶油。

COOL 手搖香草蘋果奶茶

喝起來能感受到清新蘋果在嘴裡散開的濃郁奶茶，在這裡使用了蘋果紅茶，並以香草冰淇淋代替牛奶的使用，更增添了不凡風味。蘋果片能產生畫龍點睛的效果。

材料 ASSEMBLE

基底	蘋果紅茶茶包1個
液態水	香草冰淇淋3球（170克）、 水120ml、冰塊適量
裝飾	蘋果片

做法 RECIPE

A　將1個蘋果紅茶茶包放進茶壺，注入120ml滾燙熱水沖泡5分鐘。

B　蘋果紅茶過濾後倒入另一杯內冷卻至常溫。

C　將香草冰淇淋和120ml蘋果紅茶倒入雪克杯內。

D　C 加滿冰塊後，用力搖晃8～10秒。

E　杯內加適量冰塊，將 D 仔細倒入杯內。

F　蘋果切成月牙形，插在杯邊做裝飾。

COOL 巧克力馬可波羅冰淇淋汽水

冰淇淋汽水又有「漂浮冰淇淋」之稱，1874年起源於美國費城，與瑪黑兄弟
的馬可波羅茶非常對味。

材料 ASSEMBLE

基底　　馬可波羅茶（瑪黑兄弟）1小匙（2克）
液態水　巧克力冰淇淋3球（170克）、氣泡水1瓶（500ml）、水100ml
裝飾　　巧克力粉少許

做法 RECIPE

A　將2克馬可波羅茶放進茶壺，注入
　　100ml滾燙熱水沖泡5分鐘。

B　馬可波羅茶過濾後倒入另一杯內冷卻
　　至常溫。

C　將1球巧克力冰淇淋和80ml放冷卻的
　　馬可波羅茶倒入杯內攪拌。

D　加入2球巧克力冰淇淋，剩餘空間以
　　氣泡水填滿。

E　撒上少許巧克力粉做裝飾。

COOL 草莓奶茶

以新鮮草莓做成的草莓奶茶，喝起來香甜可口。使用草莓紅茶做為底茶，能彌補新鮮草莓味道不足之處。

材料 ASSEMBLE

基底	草莓紅茶1小匙（2克）
液態水	牛奶120ml、水100ml、冰塊適量
糖漿	草莓1又1/2個、糖漿20ml
裝飾	草莓1/2個

做法 RECIPE

A 將2克草莓紅茶放進茶壺，注入100ml滾燙熱水沖泡5分鐘。

B 草莓紅茶過濾後倒入另一杯內冷卻至常溫。

C 將1又1/2個草莓和糖漿放進杯內，以搗棒搗碎。

D 倒入80ml放冷卻的草莓紅茶。

E 杯內加滿冰塊，剩餘空間以牛奶填滿。

F 將1/2個草莓掛在杯緣做裝飾。

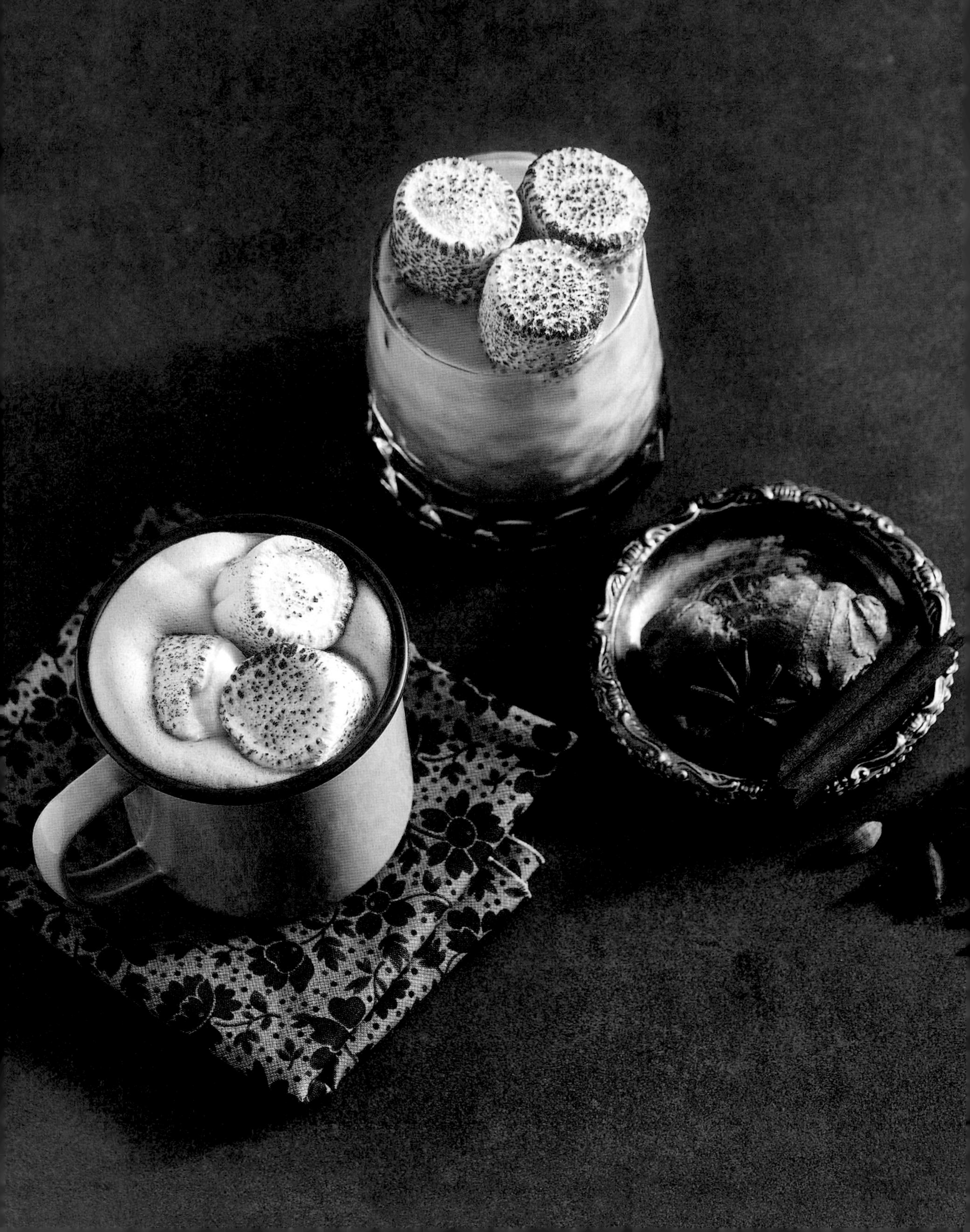

棉花糖印度紅茶拿鐵

印度紅茶拿鐵，是最能代表印度的印度奶茶，紅茶再加上牛奶和一些香料所調製成，味道比傳統奶茶要更為濃郁。在這裡我們將使用淡紅茶與烤過的棉花糖做搭配。

材料 ASSEMBLE

基底	印度奶茶茶包2個
液態水	牛奶100ml、水100ml、**COOL** 冰塊適量
糖漿	糖少許
裝飾	棉花糖3個

做法 RECIPE

Cool

A　將2個印度奶茶茶包放進茶壺，注入100ml滾燙熱水沖泡5分鐘。

B　泡好的印度奶茶放冷卻至常溫，依各人喜好加入適量糖。

C　將牛奶打成奶泡。

D　杯內加滿冰塊，倒入印度奶茶。

E　倒入 C 做好的奶泡，擺上棉花糖，以噴槍將棉花糖烤過。

Hot

A　茶壺與茶杯注入滾水沖熱。

B　將2個印度奶茶茶包放進茶壺，注入100ml滾燙熱水沖泡5分鐘。

C　牛奶倒入牛奶壺，微波加熱30秒。

D　熱牛奶以奶泡器打成奶泡。

E　將印度奶茶倒入熱杯子裡，依各人喜好加入適量糖。

F　倒入 D 做好的奶泡，擺上棉花糖，以噴槍將棉花糖烤過。

HOT 鴛鴦奶茶

香港特色奶茶之一，不同於紅茶加無糖煉乳的傳統做法，鴛鴦茶是以紅茶加入咖啡和煉乳所調製成，茶與咖啡的絕妙搭配，就像一對琴瑟和鳴的鴛鴦，而得此名。

材料 ASSEMBLE

基底	早餐茶2小匙（4克）
液態水	義式濃縮咖啡1/2 盎司（約15ml）、牛奶60ml、水150ml
糖漿	煉乳30ml
裝飾	早餐茶些許

做法 RECIPE

A　茶壺與茶杯注入滾水沖熱。

B　將4克早餐茶放進茶壺，注入150ml滾燙熱水沖泡5分鐘。

C　將牛奶倒入牛奶壺，微波加熱20秒。

D　將煉乳和義式濃縮咖啡倒入熱杯子裡攪拌。

E　依序將早餐茶和熱牛奶倒入杯內。

F　撒上些許早餐茶。

大吉嶺莓果奶茶

大吉嶺紅茶加上莓果和鮮奶油調製成的奶茶，口味清爽，從顏色到味道，都與傳統奶茶大相徑庭，因為鮮奶油的緣故，也有思慕昔的感覺。

材料 ASSEMBLE

基底	大吉嶺紅茶1小匙（2克）
液態水	鮮奶油30ml、水100ml、冰塊適量
糖漿	冷凍莓果2小匙（20克）、糖漿20ml
裝飾	莓果3粒、蘋果薄荷1小株

做法 RECIPE

A　將2克大吉嶺紅茶放進茶壺，注入100ml滾燙熱水沖泡5分鐘。

B　大吉嶺紅茶過濾後倒入另一杯內冷卻至常溫。

C　將冷凍莓果、鮮奶油和糖漿放進雪克杯裡，以搗棒搗碎。

D　將90ml大吉嶺紅茶和適量冰塊放進C裡，用力搖晃8～10秒。

E　將剩餘冰塊放進杯內，將D過濾後倒入。

F　將莓果串在雞尾酒叉上，連同蘋果薄荷一起擺上去。

皇家婚禮阿芙佳朵

阿芙佳朵的特色，就是將泡濃的茶淋在冰淇淋上頭的飲品。如果想讓味道更濃些，皇家婚禮茶可以混一點阿薩姆紅茶，效果保證讓人滿意。

材料 ASSEMBLE

基底	皇家婚禮茶（瑪黑兄弟/麥芽 & 巧克力 & 焦糖紅茶） 2小匙（4克） 香草冰淇淋3球（170克）、
液態水	水120ml
裝飾	巧克力細絲少許

做法 RECIPE

A　將4克皇家婚禮茶放進茶壺，注入120ml滾燙熱水沖泡5分鐘。

B　皇家婚禮茶過濾後倒入碗內。

C　將香草冰淇淋放進冰淇淋碗裡。

D　以檸檬刨絲刀將黑巧克力刨成細絲，然後撒在冰淇淋上。

E　將少許 B 淋在冰淇淋上，做成奶茶。

89

巧克力伯爵奶茶

乍看之下，會有伯爵茶口味巧克力飲的錯覺，嚐過才知道是散發出巧克力香氣的伯爵奶茶。伯爵茶的佛手柑香氣跟巧克力相當搭，做成冷飲熱飲皆適宜。

材料 ASSEMBLE

基底	伯爵茶2小匙（4克）
液態水	牛奶100ml、水120ml、**COOL** 冰塊適量
糖漿	巧克力醬20ml、巧克力粉1小匙（3.5克）

做法 RECIPE

Cool

A　將4克伯爵茶放進茶壺，注入120ml滾燙熱水沖泡5分鐘。

B　將巧克力醬和巧克力粉倒進杯內。

C　伯爵茶過濾後倒1/4的量進杯內，把巧克力醬和巧克力粉融化。

D　剩餘伯爵茶放冷卻至常溫後，倒入 C 內，並且加滿冰塊。

E　仔細將牛奶倒入。

Hot

A　茶壺與茶杯注入滾水沖熱。

B　將4克伯爵茶放進茶壺，注入120ml滾燙熱水沖泡5分鐘。

C　將牛奶倒入牛奶壺裡，微波加熱30秒，並以奶泡器打成奶泡。

D　將巧克力醬和巧克力粉倒入沖熱的杯子內，接著倒入過濾的伯爵茶，攪拌均勻。

E　倒入 C 做好的奶泡。

COOL 迷迭香檸檬冰茶

檸檬萊姆紅茶,再加上迷迭香佐味的氣泡飲。紅茶與新鮮迷迭香的濃郁香氣譜成絕妙滋味,喝起來跟視覺上所呈現的清涼感一樣,沁涼開胃。

材料 ASSEMBLE

基底	檸檬萊姆茶(帝瑪/檸檬萊姆特調紅茶)茶包1個
液態水	碳酸飲料(雪碧)100ml、水130ml、冰塊適量
糖漿	糖漿30ml、檸檬汁15ml、迷迭香2小株
裝飾	檸檬片1個

做法 RECIPE

A　將檸檬萊姆紅茶茶包放進茶壺,注入130ml滾燙熱水沖泡5分鐘。

B　檸檬萊姆紅茶過濾後倒入另一杯內冷卻至常溫。

C　將糖漿、檸檬汁和迷迭香放進杯內以搗棒搗碎。

D　杯內加滿冰塊,倒入100ml碳酸飲料。

E　剩餘空間以放冷卻的檸檬萊姆紅茶填滿。

F　以檸檬片做裝飾。

COOL 伯爵茶氣泡飲

使用茶糖漿做為底茶的飲品，最大特色就是能喝到濃烈的茶味。使用茶糖漿的好處，就是能夠掌控想要的茶香和茶味，適合用於風味茶的調製。

材料 ASSEMBLE

基底+糖漿	伯爵茶糖漿30ml
液態水	蘋果汁30ml、 氣泡水1瓶（500ml）、 冰塊適量
裝飾	蘋果薄荷1小株

做法 RECIPE

A　將伯爵茶糖漿和蘋果汁倒入杯內攪拌。
B　杯內加滿冰塊。
C　剩餘的空間以氣泡水填滿。
D　插上蘋果薄荷做裝飾。

COOL # 熱帶紅茶氣泡飲

以英國著名的茶品牌唐寧出產的特調紅茶，搭配富有熱帶風情的鳳梨汁和椰子水所調製成。唐寧的特調紅茶向來以品質優越著稱。

材料 ASSEMBLE

基底	熱帶水果芒果柳橙紅茶（唐寧/熱帶水果紅茶）茶包2個
液態水	鳳梨汁30ml、椰子水20ml、 氣泡水1瓶（500ml）、冰塊適量
糖漿	糖漿15ml
裝飾	柳橙片1個、檸檬片1個

做法 RECIPE

A　將2個熱帶水果芒果柳橙紅茶茶包放在熱開水裡略微浸泡15秒後，取出茶包裝進瓶裝氣泡水中，將蓋子緊緊蓋上，顛倒置於冰箱冷藏8～12小時。

B　將糖漿、鳳梨汁、椰子水倒進杯內攪拌。

C　杯內加滿冰塊，倒入200ml A 做好的熱帶水果芒果柳橙紅茶氣泡水。

D　以柳橙片和檸檬片做裝飾。

蘋果莓果飲

蘋果和莓果都是夏季飲品最夯的材料，
在這裡使用了常見的蘋果紅茶，搭配冷
凍綜合莓果，完成了充滿水果香氣的特
色飲品。

材料 ASSEMBLE

基底	蘋果紅茶茶包2個
液態水	氣泡水1瓶（500ml）、冰塊適量
糖漿	糖漿20ml
裝飾	綜合莓果1小匙（10克）

做法 RECIPE

A　將2個蘋果紅茶茶包（5克）放在熱開
　　水裡略微浸泡15秒後，取出茶包裝進
　　瓶裝氣泡水中，將蓋子緊緊蓋上，顛
　　倒置於冰箱冷藏8～12小時。

B　將糖漿倒入杯內，冰塊加至半滿。

C　將綜合莓果放進杯內，剩下的1/2空間
　　再加冰塊填滿。

D　倒入200ml A 做好的蘋果紅茶氣泡水。

COOL 橘子水蜜桃 紅茶氣泡飲

水蜜桃紅茶和橘子搭配的氣泡飲，別具風味。水蜜桃紅茶再加上香甜橘子汁，散發出清涼有勁的氛圍。

材料 ASSEMBLE

基底	水蜜桃紅茶茶包1個
液態水	100％橘子汁45ml、氣泡水1瓶（500ml）、水100ml、冰塊適量
糖漿	糖漿20ml
裝飾	橘子果肉4瓣

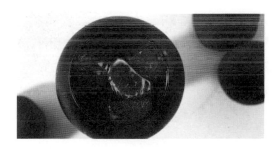

做法 RECIPE

A　將水蜜桃紅茶茶包放進茶壺，注入100ml滾燙熱水沖泡5分鐘。

B　將泡好的水蜜桃紅茶倒入另一杯內冷卻至常溫。

C　將糖漿和橘子汁倒入杯內攪拌。

D　杯內加滿冰塊，倒入100ml放冷卻的水蜜桃紅茶。

E　剩下的空間以氣泡水填滿。

F　將橘子果肉放在冰塊之間做裝飾。

蘋果肉桂冰茶

聖誕茶（Noel Tea）就是肉桂紅茶，在這裡以氣泡水搭配。只要善加利用市售風味茶，就能調出美味可口的創意飲料。

材料 ASSEMBLE

基底	聖誕茶（瑪黑兄弟/肉桂紅茶）1小匙（2克）
液態水	蘋果氣泡水（純品康納蘋果氣泡水）1瓶（355ml）、水100ml、冰塊適量
糖漿	糖漿15ml
裝飾	蘋果片2個、肉桂棒1個

做法 RECIPE

A　將2克聖誕茶放進茶壺，注入100ml滾燙熱水沖泡5分鐘。

B　聖誕茶過濾後倒入另一杯內冷卻至常溫。

C　將糖漿和80ml放冷卻的聖誕茶倒入杯內攪拌。

D　杯內加滿冰塊，剩下的空間以蘋果氣泡水填滿。

E　以蘋果片和肉桂棒做裝飾。

冰酒茶氣泡飲

帶有葡萄果汁香氣的冰酒茶（Icewine Tea）搭配青葡萄果汁所調製成的氣泡飲。冰酒茶是紅茶之中，少數帶有葡萄香氣的產品，濃郁的葡萄香氣與冰茶非常對味。

材料 ASSEMBLE

基底	冰酒茶（梅斯納/青葡萄紅茶）1小匙（2克）
液態水	青葡萄汁30ml、碳酸飲料（雪碧）100ml、水100ml、冰塊適量
糖漿	糖漿10ml
裝飾	青葡萄4粒

做法 RECIPE

A 將2克冰酒茶放進茶壺，注入100ml滾燙熱水沖泡5分鐘。

B 冰酒茶過濾後倒入另一杯內冷卻至常溫。

C 將糖漿和青葡萄汁倒入杯內攪拌。

D 杯內加滿冰塊，倒入100ml碳酸飲料。

E 青葡萄切半，擺放在冰塊之間。

F 倒入80ml放冷卻的冰酒茶。

COOL 煙燻柳橙氣泡茶飲

立山小種又有「正山小種」的別稱，是一款帶煙燻味的紅茶，是中國紅茶之中，最著名而且最奇特者。柳橙汁與立山小種邂逅的火花令人可期。

材料 ASSEMBLE

基底	立山小種2又1/2小匙（5克）
液態水	100%柳橙汁45ml、 氣泡水1瓶（500ml）、冰塊適量
糖漿	糖漿10ml
裝飾	柳橙皮1片

做法 RECIPE

A　將5克立山小種放在熱開水裡略微浸泡15秒後，取出茶葉裝進瓶裝氣泡水中，將蓋子緊緊蓋上，顛倒置於冰箱冷藏8～12小時。

B　將糖漿和柳橙汁倒入杯內攪拌。

C　杯內加滿冰塊，將200ml A 做好的立山小種氣泡水，過濾後倒入杯內。

D　將柳橙皮稍微扭轉一下後做裝飾。

COOL 檸檬氣泡飲

使用檸檬酵素做成的氣泡飲，氣泡紅茶與檸檬酵素的搭配是重點。不需要太多材料，只要有酸酸甜甜的檸檬酵素，就能做出好喝飲料。

材料 ASSEMBLE

基底	錫蘭紅茶茶包2個
液態水	氣泡水1瓶（500ml）、冰塊適量
糖漿	檸檬酵素30ml
裝飾	檸檬片1個

做法 RECIPE

A　將2個錫蘭紅茶茶包（5克）放在熱開水裡略微浸泡15秒後，取出茶葉裝進瓶裝氣泡水中，將蓋子緊緊蓋上，顛倒置於冰箱冷藏8～12小時。

B　將檸檬酵素倒入杯內，加滿冰塊。

C　倒入180ml A 做好的氣泡紅茶。氣泡紅茶若事先冷凍30分鐘，就可增加碳酸口感。

D　以檸檬片做裝飾。

COOL 葡萄柚約會茶氣泡飲

法國茶品牌「茶奧多（Theodor）」出產的約會茶
（Rendez-vous），是一款帶有葡萄柚與玫瑰香氣的紅
茶，深具魅力。約會茶搭配葡萄柚氣泡水，感受更濃郁
的葡萄柚香。

材料 ASSEMBLE

基底	約會茶（茶奧多/葡萄柚紅茶）1小匙（2克）
液態水	葡萄柚氣泡水1瓶（355ml）、水100ml、冰塊適量
糖漿	糖漿15ml
裝飾	葡萄柚片1個、蘋果薄荷1小株

做法 RECIPE

A　將2克約會茶放進茶壺，注入100ml滾燙熱水沖泡5分鐘。

B　約會茶過濾後倒入另一杯內冷卻至常溫。

C　將糖漿與80ml放冷卻的約會茶倒入杯內攪拌。

D　杯內加滿冰塊，剩餘空間以葡萄柚氣泡水填滿。

E　以葡萄柚片和蘋果薄荷做裝飾。

花草茶風味茶

Herbal Tea + Variation

Herb 這個單字的語源來自拉丁語的「Herba」，在古時候做「香氣與藥草」的意義使用。不同於紅茶與綠茶只能以茶葉製成，凡氣味獨特，或者具有特殊藥性的葉子、花朵和水果，都能曬乾製成花草茶。每一種花草因各自性質強烈，因此調製成風味茶的效果極優越，不管做成哪種飲品，花草的氣味也不容易被掩蓋掉。

+ 氣泡水
Sparkling Water

+ 果汁
Juice

+ 乳製品
Milk Products

花草茶，開啟療癒之夢

牛津字典對「花草植物」的解釋為「葉子、莖部可做食用藥用，或可用於提煉香味與氣味的植物。」花草植物的莖部、葉子、花朵、果實、根部都可做藥用，不過我們一般熟知的花草植物（薄荷類、迷迭香、麝香、羅勒等等），還是以莖部與葉子的使用為主。其他較具代表性的有使用花朵的薰衣草、玫瑰、茉莉花、洋甘菊、扶桑花，以及使用果實的薔薇果。這些用於沖泡的花草植物，通稱為花草茶（herb infusion）。

新鮮花草植物 vs. 乾燥花草植物 vs. 花草茶

花草植物分成新鮮花草植物與乾燥花草植物。新鮮花草植物散發出清新、新鮮的香氣，乾燥花草植物則有較強烈的濃縮香氣。一般來說，乾燥花草植物更適合用於風味茶的調製。單一花草植物所做成的茶，稱作花草茶（Tisane），其他還有花草搭配花草，花草搭配水果，花草搭配香料的混合花草茶。

花草茶製作過程：自然乾燥 vs. 人工乾燥

雖然新鮮花草植物和乾燥花草植物市面都買得到，不過也可以在家自行栽種，這樣需要時就能拿來當食材或泡成茶喝。欲將花草植物風乾，可使用自然乾燥或乾燥機兩種方法，葉子比較薄的，則更建議採用自然乾燥。如果是葉子小的花草植物，可整株洗淨後倒掛風乾；若葉子比較大，可摘下來洗淨，瀝乾水分後攤開風乾。風乾的過程需避開直射光線，在通風良好的地方放置一週左右，以手觸摸時易脆裂，就代表風乾完成。

花草茶保存方式：密閉容器、陰涼處

市售花草茶通常為夾鍊袋包裝，以防止氣味流失。如果是自製花草茶，一樣要存放在可密封的夾鍊袋或密閉容器內，才能將氣味保留住。存放時需避開直射光線，放在通風良好的地方。如果暴露在陽光之下，花草植物的成分容易酸化，若存放環境溫度太高，顏色甚至會變黃。

[花草茶的種類：8 款代表]

迷迭香茶

具有強力殺菌力，被古希臘與埃及人視為神聖藥草，充滿松樹與樹林香氣，尤其適合做成口味清爽的飲品。

辣薄荷茶

辣薄荷是水薄荷和綠薄荷的混種，但薄荷腦成分的氣味，並不是人人都愛，不過想增加飲料清涼感時，是不可或缺的材料。

洋甘菊茶

洋甘菊是一種帶有蘋果香氣的菊花科植物，因此有「長在地上的蘋果」之稱。人類使用洋甘菊當藥草已有5000年歷史，具有能夠溫熱身體的特性，是相當好的一款花草茶。

薰衣草茶

薰衣草的語源來自拉丁語，具有「洗滌」之意，味道相當好聞，是古羅馬人愛用的沐浴劑。薰衣草製成的商品非常多樣，從乾燥薰衣草到精油都有，因為氣味強烈，少量就有不錯的效果。

扶桑花茶

呈現大紅色的扶桑花，是夏威夷的國花，特徵是喝起來帶點酸味。因為含有豐富維他命C，對於消除疲勞、美容、防止老化、防止動脈硬化都有功效，通常做成熱飲喝。

薔薇果

薔薇果是一種野生玫瑰果實，所含的維他命C量足足是檸檬的10倍，若想提高維他命C的吸收，可跟蜂蜜一起飲用。非常推薦薔薇果混合扶桑花的花草茶。

香茅茶

香茅茶之所以有名，在於特殊的檸檬香氣，那是因為含有檸檬醛成分之故。對於畏寒、退燒、腹痛、皮膚病，都有不錯功效。

[好喝花草茶沖泡攻略： 2克，100℃，300～400ml，5分鐘]

最適合沖泡花草茶的水溫：煮沸開水

每一種花草植物的氣味、特性雖然不同，但沖泡方式都一樣，需以煮沸開水沖泡5分鐘。不同於綠茶和紅茶，若沖泡過頭，苦澀味就會越加強烈，花草茶就算沖泡時間過久，也不會有澀味。除了瑪黛茶以外，絕大部分的花草茶都不會受咖啡因影響，因此沒有沖泡時間的限制。

茶包 vs. 葉茶

花草茶茶包裡面的花草量，並無想像中的多，如果喜歡氣味濃烈的花草茶，不妨一次沖泡2個茶包。但如果是氣味比較強烈的薰衣草，1個茶包就很足夠。沖泡花草葉茶時，2克的量需要300～400ml的水，沖泡時間為5分鐘以上，要注意的是，如果沖泡的時間太長，茶色可能會變得較為渾濁。

以花草茶為底茶製作風味茶

每一種花草植物因為特性強烈，即使與其他材料混合，也掩蓋不住其氣味。欲使用花草茶調製風味茶時，與其以直茶形式飲用，不妨減少1/3沖泡的水量，意即以100～150ml的水量沖泡5分鐘，做成濃底茶來使用。如果使用的花草有花瓣，放進茶包袋裡沖泡，就能防止花瓣散落。

花草茶風味茶完美配角

花草茶＋果汁

花草茶和果汁可說是天生絕配，花草茶若搭配果汁，香氣跟味道都會變得豐富。花草茶之間也能混搭，例如扶桑花搭配薔薇果，不過需注意不讓味道變得太複雜。

花草茶＋乳製品

一般來說，花草茶不大會搭配乳製品，但事實上這兩者的搭配出人意料的對味，除了牛奶、鮮奶油和冰淇淋之外，跟椰奶和杏仁牛奶也很合適，除了有花草茶本身的功效，還多了舒胃的功效，口味的變化上也有新鮮感。

花草茶＋氣泡水

花草茶種類繁多，沖泡出來的茶湯顏色也很多樣，很適合跟透明氣泡水做搭配。依照花草茶的特性，可搭配無糖氣泡水或碳酸飲料。若做成氣泡花草茶，氣味和味道都會更濃郁。

[與花草茶最對味的材料]

花草茶本身是一種特性強烈的材料，雖然各有適合搭
配的材料，不過還是整理出底下幾種百搭款組合。

花草茶 ＋ 檸檬	檸檬幾乎跟所有的花草茶都很對味，能讓花草茶本身的草本香氣與花香增加清爽感。
＋萊姆	萊姆除了酸味和少許鹹味，也有一絲絲澀味，跟花草茶相當搭配，如薄荷和萊姆調製的「莫吉托」，就是經典之作。
＋蜂蜜	花草茶在香甜蜂蜜的加持之下，能更突顯出氣味。適合搭配薰衣草茶、薄荷茶、鼠尾草茶、麝香草茶。
＋草莓	草莓的酸甜香氣，能讓風味茶喝起來更清爽，跟迷迭香茶、辣薄荷茶、薰衣草茶很搭。
＋伯爵茶	以佛手柑油提味的伯爵茶與花草茶相當對味，跟薰衣草茶、辣薄荷茶、洋甘菊茶也很合適。
＋奶油	各種奶油能讓風味茶的口感變得滑順濃郁，花草茶與奶油的結合，更是令人耳目一新的飲品。
＋香草	香草特有的香甜氣味，能夠突顯出花草茶的芬芳，特別適合搭配薰衣草茶、辣薄荷茶和羅勒茶。

COOL 青葡萄洋甘菊凍飲 *Starbucks Style*

洋甘菊茶、青葡萄加上冰塊一起打成的冰沙。青葡萄和洋甘菊的香氣非常對味，
可以用湯匙舀著吃，或等冰沙慢慢融化再喝，堪稱夏季聖品。

材料 ASSEMBLE

基底	洋甘菊茶1小匙（2克）、青葡萄10粒
液態水	水100ml、冰塊10個
糖漿	糖漿30ml、檸檬汁10ml
裝飾	青葡萄3粒、辣薄荷1小株

做法 RECIPE

A　將2克洋甘菊茶放進茶壺，注入100ml滾燙熱水
　　沖泡5分鐘。

B　洋甘菊茶過濾後仔細倒入另一杯內冷卻至常溫。

C　將10粒青葡萄、糖漿和檸檬汁放進調理機裡。

D　將90ml放冷卻的洋甘菊茶倒入 C 。

E　加入10個冰塊，啟動調理機，將所有材料打成
　　冰沙。

F　將冰沙倒進杯內，青葡萄以雞尾酒叉串起來，連
　　同辣薄荷一起做裝飾。

COOL 洋甘菊蘋果茶飲

散發蘋果芬芳的洋甘菊茶，最適合做成蘋果風味茶。在身心疲憊的日子裡飲用一杯，疲勞、不愉快的心情都能拋諸腦後。

材料 ASSEMBLE

基底	洋甘菊茶1小匙（2克）
液態水	蘋果汁30ml、水150ml、冰塊適量
糖漿	糖漿15ml
裝飾	蘋果片1個、麝香草3小株

做法 RECIPE

A　將2克洋甘菊茶放進茶壺，注入150ml滾燙熱水沖泡5分鐘。

B　將糖漿和蘋果汁倒入杯內攪拌。

C　杯內加滿冰塊，倒入洋甘菊茶。

D　蘋果片切半，連同麝香草一起做裝飾。

COOL 柑橘樂園

散發清新檸檬香的香茅，搭配柑橘三劍客柳橙、葡萄柚和萊姆所調製成的清爽飲品，果汁和糖漿讓美味更升一級。

材料 ASSEMBLE

基底	香茅茶2克
液態水	柳橙汁30ml、水150ml、冰塊適量
糖漿	葡萄柚糖漿20ml、萊姆汁10ml
裝飾	檸檬片1個、萊姆片1個

做法 RECIPE

A　將2克香茅茶放進茶壺，注入150ml滾燙熱水沖泡5分鐘。

B　將葡萄柚糖漿、萊姆汁和柳橙汁倒入杯內攪拌。

C　杯內加滿冰塊，香茅茶過濾後倒入杯內。

D　以檸檬片和萊姆片做裝飾。

COOL 手搖藍莓薰衣草冰茶

薰衣草茶是消解壓力聖品，搭配藍莓調製成的風味茶，若沒有
藍莓酵素，可用藍莓果醬代替。

材料 ASSEMBLE

基底	薰衣草茶1/2小匙（1克）
液態水	水150ml、冰塊適量
糖漿	藍莓酵素30ml、糖漿10ml
裝飾	藍莓7～8粒、檸檬片1個

做法 RECIPE

A　將1克薰衣草茶放進茶壺，注入150ml滾燙
　　熱水沖泡5分鐘。

B　薰衣草茶過濾後倒入另一杯內冷卻至常溫。

C　將藍莓酵素、糖漿、120ml放冷卻的薰衣草
　　茶放進雪克杯。

D　C加滿冰塊後，大力搖晃8～10秒。

E　杯內加滿冰塊，藍莓擺在冰塊之間。

F　將D倒入杯內，以檸檬片做裝飾。

熱帶扶桑花茶飲

大紅色的扶桑花茶，喝起來微酸，搭配鳳梨汁與芒果汁，便是一道富有異國風情的飲品。果汁和花草茶營造出的漸層效果相當特別。

材料 ASSEMBLE

基底	扶桑花茶1小匙（2克）
液態水	鳳梨汁30ml、芒果汁30ml、水150ml、冰塊適量
糖漿	糖漿20ml
裝飾	鳳梨片1/4個、糖漬櫻桃1個

做法 RECIPE

A 將2克扶桑花茶放進茶壺，注入150ml滾燙熱水沖泡5分鐘。

B 將糖漿、鳳梨汁和芒果汁倒入杯內攪拌。

C 杯內加滿冰塊，扶桑花茶過濾後仔細倒入杯內。

D 將1/4個鳳梨片和糖漬櫻桃串在雞尾酒叉上，插在杯緣做裝飾。

COOL

手搖莓果冰茶

以莓果為主的水果茶，搭配黑加侖糖漿所
調製成的冰茶，能充分感受到水果的清
香，跟藍莓薰衣草糖漿也搭。

材料 ASSEMBLE

基底	莓果水果茶2小匙（4克）
液態水	水150ml、冰塊適量
糖漿	黑加侖糖漿30ml
裝飾	藍莓8粒、辣薄荷1小株

做法 RECIPE

A　將4克莓果水果茶放進茶壺，注入
　　150ml滾燙熱水沖泡10分鐘。

B　將黑加侖糖漿倒入杯內。

C　杯內加滿冰塊，莓果水果茶過濾後
　　倒入杯內。

D　以藍莓和辣薄荷做裝飾。

HOT 薑汁檸檬香茅茶

使用香茅薑茶所調製成的熱飲，檸檬酵素
能增加甜味與清爽感，讓味道更豐富。

材料 ASSEMBLE

基底	茶禪混合茶（蔓蔓/香茅混合茶）1小匙（2克）
液態水	水300ml
糖漿	檸檬酵素30ml
裝飾	檸檬片1個

做法 RECIPE

A 將2克混合茶放進茶壺，注入300ml滾
燙熱水沖泡5分鐘。

B 將檸檬酵素倒入杯內。

C 混合茶過濾後倒入杯內。

D 擺放檸檬片做裝飾。

HOT 香草洋甘菊熱飲

洋甘菊與肉桂相當搭配，因為肉桂可以平衡強烈的洋甘菊
氣味，同時也能感受香草糖漿的香甜滋味。

材料 ASSEMBLE

基底	洋甘菊茶1小匙（2克）
液態水	水300ml
糖漿	香草糖漿20ml
裝飾	肉桂棒1個

做法 RECIPE

A　將2克洋甘菊茶放進茶壺，注入
　　300ml滾燙熱水沖泡5分鐘。

B　將香草糖漿倒入杯內。

C　洋甘菊茶過濾後倒入杯內。

D　插上肉桂棒做裝飾

`COOL`

玫瑰莓果茶

散發出淡淡莓果香氣的天然莓果茶，搭配蘋果汁和玫瑰糖漿所調製而成。放鬆心情，享受這一杯蘋果香與玫瑰香共譜美妙平衡的清涼冰茶，美麗的玫瑰花瓣，也兼顧了視覺享受。

材料 ASSEMBLE

基底	天然莓果茶（帝瑪/莓果茶）茶包1個
液態水	蘋果汁20ml、水150ml、冰塊適量
糖漿	玫瑰糖漿20ml
裝飾	冷凍綜合莓果1大匙（10克）、玫瑰花瓣1片

做法 RECIPE

A　將1個莓果茶包放進茶壺，注入150ml滾燙熱水沖泡5分鐘。

B　將玫瑰糖漿和蘋果汁倒入杯內攪拌。

C　杯內加一半冰塊，放入冷凍綜合莓果。

D　加入剩餘冰塊，倒入莓果茶。

E　擺上玫瑰花瓣做裝飾。

HOT

花草茶熱飲 *Starbucks Style*

在熱花草茶裡，加入柳橙、迷迭香和薄荷葉，隨著時間流逝，水果與新鮮香草香氣完全釋放開來，體會茶味由淡轉濃的樂趣。

材料 ASSEMBLE

基底　　綜合花草茶1又1/2小匙（3克）
液態水　水400ml
糖漿　　檸檬酵素60ml
裝飾　　檸檬片1個、柳橙片1個、
　　　　蘋果薄荷2小株、迷迭香1小株

做法 RECIPE

A　將4克花草茶放進茶壺，注入400ml滾燙熱水沖泡5分鐘。

B　將檸檬酵素、檸檬片、柳橙片、蘋果薄荷和迷迭香放進醒酒瓶裡。

C　倒入花草茶，攪拌均勻。

119

薰衣草巧克力飲

隱隱散發出薰衣草香氣的巧克力飲，製作過程相當簡單，只要有薰衣草糖漿就能搞定。在香濃的巧克力背後，縈繞薰衣草香氣的口感非常特別。

材料 ASSEMBLE

基底	薰衣草糖漿15ml
液態水	牛奶260ml、**COOL** 冰塊適量
糖漿	巧克力醬30ml、可可粉2大匙（20克）

做法 RECIPE

Cool

A 　將薰衣草糖漿、巧克力醬和可可粉倒入杯內。
B 　倒入少許牛奶，加滿冰塊。
C 　剩下的牛奶以奶泡器打成奶泡。
D 　將奶泡倒入 B 即完成。

Hot

A 　將牛奶倒入牛奶壺，微波加熱30秒。
B 　將薰衣草糖漿、巧克力醬和可可粉倒入杯內。
C 　加入少許牛奶攪拌。
D 　剩下的牛奶以奶泡器打成奶泡。
E 　將奶泡倒入 C 即完成。

COOL 扶桑花玫瑰拿鐵

這款冰拿鐵呈現夢幻粉紅色澤，相當吸引人。扶桑花茶與牛奶混合時，因為酸味成分，易與牛奶分離，若以杏仁牛奶或椰奶代替，就能減少此種情形發生，呈現出均勻的淡粉紅色。

材料 ASSEMBLE

基底	扶桑花茶1小匙（2克）
液態水	杏仁牛奶150ml、水100ml、冰塊適量
糖漿	玫瑰糖漿30ml
裝飾	乾燥玫瑰花瓣

做法 RECIPE

A　將2克扶桑花茶放進茶壺，注入100ml滾燙熱水沖泡5分鐘。

B　扶桑花茶過濾後倒入另一杯內冷卻至常溫。

C　將玫瑰糖漿和杏仁牛奶倒入杯內攪拌。

D　杯內加滿冰塊，仔細倒入80ml放冷卻的扶桑花茶。

E　撒上乾燥玫瑰花瓣做裝飾。

HOT 洋甘菊拿鐵

以洋甘菊茶搭配牛奶所調製成的草本奶茶，口感滑順，以肉桂和蜂蜜增加氣味層次，少許的薑黃粉增添了些微的辛香氣。

材料 ASSEMBLE

基底	洋甘菊茶2克
液態水	牛奶100ml、水100ml
糖漿	蜂蜜20ml、薑黃粉1/4小匙（1克）、肉桂粉些許
裝飾	洋甘菊茶些許

做法 RECIPE

A　將2克洋甘菊茶放進茶壺，注入100ml滾燙熱水沖泡5分鐘。

B　將100ml牛奶倒入牛奶壺裡，微波加熱30秒。

C　熱牛奶以奶泡器打成奶泡。

D　將洋甘菊茶、蜂蜜、薑黃粉、肉桂粉倒入杯內攪拌。

E　將奶泡倒入，撒上些許洋甘菊茶做裝飾。

洋甘菊奶綠

洋甘菊茶搭配綠茶所調製成的草本奶綠。洋甘菊豐富的氣味，能夠彌補綠茶的單調，除了洋甘菊，也可使用其他種類的花草茶。

材料 ASSEMBLE

基底	洋甘菊茶1小匙（2克）、綠茶粉1小匙（2克）
液態水	牛奶100ml、水100ml、**COOL** 冰塊適量
糖漿	糖漿15ml

做法 RECIPE

Cool

A　將2克洋甘菊茶放進茶壺，注入100ml滾燙熱水沖泡5分鐘。

B　洋甘菊茶過濾後倒入另一杯內冷卻至常溫。

C　將綠茶粉、糖漿和1/3牛奶倒入杯內攪拌。

D　剩下的牛奶以奶泡器打成奶泡。

E　C 加滿冰塊，依序倒入放冷卻的洋甘菊茶和奶泡。

Hot

A　將2克洋甘菊茶放進茶壺，注入100ml滾燙熱水沖泡5分鐘。

B　將100ml牛奶倒入牛奶壺裡，微波加熱30秒。

C　將綠茶粉、糖漿和1/3熱牛奶倒入杯內攪拌。

D　剩下的牛奶以奶泡器打成奶泡。

E　將洋甘菊茶和奶泡依序倒入 C。

COOL 芒果椰奶辣薄荷思慕昔

啜飲一口就會讓人想起夏日度假勝地，辣薄荷茶搭配熱帶芒果
和椰奶，增加口感層次，適合在炎炎夏日飲用。

材料 ASSEMBLE

基底	辣薄荷茶1小匙（2克）
液態水	椰奶100ml、水100ml、冰塊8個
糖漿	芒果泥30ml
裝飾	辣薄荷1小株

做法 RECIPE

A　將2克辣薄荷茶放進茶壺，注入100ml滾燙
　　熱水沖泡5分鐘。

B　辣薄荷茶過濾後倒入另一杯內冷卻至常溫。

C　將芒果泥、椰奶和冰塊放進調理機裡。

D　加入80ml放冷卻的辣薄荷茶，將所有材料打
　　成冰沙。

E　將做好的冰沙倒入杯內，以辣薄荷做裝飾。

COOL 迷迭香草莓奶昔

在古代，迷迭香被猶太人、希臘人以及埃及人視為神聖的藥草，在這裡我們利用迷迭香糖漿，搭配草莓泥和香草冰淇淋做成美味奶昔。

材料 ASSEMBLE

基底	迷迭香糖漿15ml、草莓泥15ml
液態水	牛奶100ml
糖漿	香草冰淇淋4球（220克）
裝飾	草莓1個、迷迭香2小株

做法 RECIPE

A　將裝飾用的草莓和迷迭香以外的所有材料，放入調理機中。

B　啟動調理機，將所有材料打成奶昔。

C　裝飾草莓中間劃一刀，掛在杯緣。

D　再擺上迷迭香做裝飾。

奶蓋國寶茶

以國寶茶做為底茶的草本奶綠。國寶茶又名「博士茶」，以生長在南非的豆科灌木植物所製成。底下使用的是以水蜜桃調味的南非甘露茶茶包。

材料 ASSEMBLE

基底	國寶茶（史蒂芬・史密斯 Teamaker蜜桃國寶茶）茶包1個
液態水	水200ml、冰塊適量
糖漿	糖漿20ml、糖1小匙（5克）
裝飾	打發鮮奶油80ml、國寶茶些許

做法 RECIPE

A　將1個國寶茶茶包放進茶壺，注入200ml滾燙熱水沖泡5分鐘。

B　將80ml鮮奶油和1小匙糖放進容器裡打發。

C　將糖漿倒入杯內，並加滿冰塊。

D　依序倒入國寶茶和 B 步驟的打發鮮奶油。

E　依個人喜好，酌量撒上國寶茶做裝飾。

藍莓扶桑花奶茶

以藍莓、扶桑花茶與杏仁牛奶所調製，
呈現的粉彩紫色非常誘人。這款飲品最
特別之處，在於以2種底茶混合而成。

材料 ASSEMBLE

基底	扶桑花茶（史蒂芬·史密斯Teamaker扶桑花特調）茶包1個
液態水	杏仁牛奶150ml、水70ml、冰塊適量
糖漿	糖漿20ml
裝飾	冷凍藍莓2大匙（20克）

做法 RECIPE

A 將扶桑花茶茶包放進茶壺，注入
70ml滾燙熱水沖泡5分鐘。

B 將泡好的扶桑花茶倒入另一杯內冷
卻至常溫。

C 將冷凍藍莓、糖漿、100ml杏仁牛奶
倒入杯內，攪拌至呈現紫色。

D 將50ml杏仁牛奶、50ml放冷卻的扶
桑花茶以及適量冰塊，放進雪克杯
裡，大力搖晃8～10秒。

E C 加滿冰塊，仔細將 D 做好的飲料
倒入。

蜂蜜薰衣草奶茶

以薰衣草茶調製成的草本奶茶，散發迷人的薰衣草香氣，因為薰衣草具有放鬆身心的功效，非常適合在睡前飲用。

材料 ASSEMBLE

基底	薰衣草茶1小匙（1克）
液態水	牛奶250ml、水100ml
糖漿	蜂蜜20ml
裝飾	薰衣草茶些許

做法 RECIPE

A　將1克薰衣草茶放進茶壺，注入100ml滾燙熱水沖泡5分鐘。

B　將250ml牛奶倒入牛奶壺裡，微波加熱30秒。

C　熱牛奶以奶泡器打成奶泡。

D　將蜂蜜和泡好的薰衣草茶倒入杯內攪拌。

E　倒入奶泡，撒上薰衣草茶做裝飾。

薄荷巧克力拿鐵

充滿魅力的薄荷香氣，與香甜巧克力譜出絕妙好滋味。
壓力大的時候，做成熱飲、冷飲喝，都能舒緩心情。

材料 ASSEMBLE

基底	辣薄荷茶2克
液態水	牛奶120ml、水100ml、**COOL** 冰塊適量
糖漿	巧克力醬30ml、可可粉2大匙（20克）
裝飾	可可粉些許

做法 RECIPE

 Cool

A 　將2克辣薄荷茶放進茶壺，注入100ml滾燙熱水沖泡5分鐘。
B 　將辣薄荷茶過濾倒入另一杯內冷卻至常溫。
C 　將巧克力醬、可可粉、1/3加熱過的牛奶倒入杯內攪拌。
D 　剩下的牛奶以奶泡器打成奶泡。
E 　C 加滿冰塊，依序倒入80ml放冷卻的辣薄荷茶和奶泡。

Hot

A 　將2克辣薄荷茶放進茶壺，注入100ml滾燙熱水沖泡5分鐘。
B 　將120ml牛奶倒入牛奶壺裡，微波加熱30秒。
C 　將巧克力醬、可可粉、1/3熱牛奶倒入杯內攪拌。
D 　剩下的牛奶以奶泡器打成奶泡。
E 　依序將80ml辣薄荷茶和奶泡倒入 C 。

柚子香茅冰茶

這款冰茶是以新鮮香茅代替乾燥香茅，因此味道相當出色。柚子酵素取代糖漿的使用，同時具備了酸甜滋味，跟香茅的檸檬氣味非常搭配。

材料 ASSEMBLE

基底	香茅1根
液態水	碳酸飲料（雪碧）1瓶（250ml）、冰塊適量
糖漿	柚子酵素30ml
裝飾	香茅1根

做法 RECIPE

A 把1根香茅切成3等分。

B 將柚子酵素、香茅放進杯內，以搗棒搗碎。

C 杯內加滿冰塊，倒入碳酸飲料至半滿程度，攪拌均勻。

D 剩餘空間再以碳酸飲料填滿。

E 把香茅插在杯子裡做裝飾。

COOL

洋甘菊莫吉托

以洋甘菊茶為底茶所調製的莫吉托。傳統莫吉托是以蘭姆酒、萊姆、薄荷、氣泡水調製成，為古巴著名雞尾酒，在這裡我們將以洋甘菊茶取代蘭姆酒的使用，做成無酒精版本的莫吉托。

材料 ASSEMBLE

基底	洋甘菊茶1小匙（2克）、萊姆1/2個、蘋果薄荷葉7～8片
液態水	氣泡水1瓶（500ml）、水100ml、冰塊適量
糖漿	糖漿20ml
裝飾	萊姆片1個

做法 RECIPE

A　將2克洋甘菊茶放進茶壺，注入100ml滾燙熱水沖泡5分鐘。

B　洋甘菊茶過濾後倒入另一杯內冷卻至常溫。

C　將1/2個萊姆切成4等分，連同糖漿和蘋果薄荷葉放進杯內，以搗棒搗碎。

D　倒入80ml洋甘菊茶。

E　杯內加滿冰塊，剩餘空間以氣泡水填滿。

F　萊姆片劃一刀，掛在杯緣做裝飾。

COOL 奇異果薄荷冰茶

辣薄荷茶搭配奇異果所調製成的冰茶，不同於傳統冰茶，以奇異果釋放出的香氣和甜味取代糖漿的使用，感受不帶甜味的清爽。

材料 ASSEMBLE

基底	辣薄荷茶1小匙（2克）
液態水	氣泡水1瓶（500ml）、水100ml、冰塊適量
裝飾	奇異果片5個、蘋果薄荷葉7片

做法 RECIPE

A　將2克辣薄荷茶放進茶壺，注入100ml滾燙熱水沖泡5分鐘。

B　辣薄荷茶過濾後倒入另一杯內冷卻至常溫。

C　將80ml辣薄荷茶倒入杯內，加滿冰塊。

D　將5片奇異果片與7片蘋果薄荷葉放在冰塊之間。

E　剩餘空間以氣泡水填滿。

COOL 薑汁萊姆扶桑花冰茶

以扶桑花茶、萊姆和生薑糖漿搭配調製成的氣泡冰茶，裝飾用的萊姆能夠平衡生薑的辛辣味道。

材料 ASSEMBLE

基底	扶桑花茶1小匙（2克）
液態水	氣泡水1瓶（500ml）、水100ml、冰塊適量
糖漿	生薑糖漿15ml、萊姆汁5ml
裝飾	萊姆片1個

做法 RECIPE

A 將2克扶桑花茶放進茶壺，注入100ml滾燙熱水沖泡5分鐘。

B 沖泡好的扶桑花茶過濾後倒入另一杯內冷卻至常溫。

C 將生薑糖漿、萊姆汁、80ml放冷卻的扶桑花茶倒入杯內攪拌。

D 杯內加滿冰塊，剩餘空間以氣泡水填滿。

E 在萊姆片上劃一刀，掛在杯緣做裝飾。

COOL 蘋果麝香草冰茶

麝香草又有百里香之稱，除了料理，飲料上的應用也相當廣泛。麝香草的氣味跟新鮮的蘋果非常搭配，喝起來清爽又帶有香草植物的芬芳。

材料 ASSEMBLE

基底	麝香草茶1小匙（1克）
液態水	蘋果汁30ml、 氣泡水1瓶（500ml）、 水100ml、冰塊適量
糖漿	糖漿15ml
裝飾	蘋果片1個、麝香草4小株

做法 RECIPE

A　將1克麝香草茶放進茶壺，注入100ml滾燙熱水沖泡5分鐘。

B　沖泡好的麝香草茶過濾後倒入另一杯內冷卻至常溫。

C　將糖漿和蘋果汁倒入杯內攪拌。

D　倒入80ml放冷卻的麝香草茶，加滿冰塊。

E　剩餘空間以氣泡水填滿。

F　蘋果片貼著杯壁放入，並以新鮮麝香草做裝飾。

COOL 洋甘菊柳橙冰茶

洋甘菊的花香與柳橙汁配合得恰到好處,喝得到新鮮。只需要幾項簡單材料,若搭配得宜,也能變出好喝美味的飲料。大家也可以挑戰其他種類的花草茶。

材料 ASSEMBLE

基底	洋甘菊茶1小匙(2克)
液態水	100%柳橙汁40ml、水100ml、氣泡水1瓶(500ml)、冰塊適量
糖漿	糖漿15ml
裝飾	柳橙片1個、蘋果薄荷1小株

做法 RECIPE

A　將2克洋甘菊茶放進茶壺,注入100ml滾燙熱水沖泡5分鐘。

B　沖泡好的洋甘菊茶過濾後倒入另一杯內冷卻至常溫。

C　將糖漿和柳橙汁倒入杯內攪拌。

D　倒入80ml放冷卻的洋甘菊茶,並加滿冰塊。

E　剩餘空間以氣泡水填滿。

F　以柳橙片和蘋果薄荷做裝飾。

莓果薄荷冰茶

辣薄荷茶搭配藍莓酵素調製成的飲品，
入喉時，藍莓的香氣在嘴裡散開後，能
感受接踵而來的辣薄荷清涼感。

材料 ASSEMBLE

基底	辣薄荷茶2克
液態水	碳酸飲料（雪碧）1瓶（250ml）、水100ml、冰塊適量
糖漿	藍莓酵素20ml
裝飾	藍莓8粒、蘋果薄荷1小株

做法 RECIPE

A　將2克辣薄荷茶放進茶壺，注入100ml
　　滾燙熱水沖泡5分鐘。

B　沖泡好的辣薄荷茶過濾後倒入另一杯
　　內冷卻至常溫。

C　將藍莓酵素倒入杯內，並加滿冰塊。

D　倒入80ml放冷卻的辣薄荷茶以及藍
　　莓粒。

E　剩餘空間以碳酸飲料填滿，並以蘋果
　　薄荷做裝飾。

COOL

薰衣草薄荷冰茶

辣薄荷茶搭配薰衣草糖漿和蘋果汁所調製成的草本冰茶，除了有強烈的辣薄荷香氣，還能嘗到淡淡的薰衣草和蘋果芬芳。

材料 ASSEMBLE

基底	辣薄荷茶1小匙（2克）
液態水	蘋果汁30ml、水100ml、 氣泡水1瓶（500ml）、 冰塊適量
糖漿	薰衣草糖漿15ml
裝飾	辣薄荷1小株

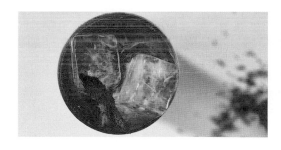

做法 RECIPE

A 將2克辣薄荷茶放進茶壺，注入100ml滾燙熱水沖泡5分鐘。

B 沖泡好的辣薄荷茶過濾後倒入另一杯內冷卻至常溫。

C 將薰衣草糖漿、蘋果汁和80ml放冷卻的辣薄荷茶倒入杯內攪拌。

D 杯內加滿冰塊，剩餘空間以氣泡水填滿。

E 將辣薄荷插在冰塊中間做裝飾。

COOL 香茅香草冰茶

這是一款喝下去，便覺檸檬香與香草氣味盈滿齒頰的飲品，甜滋滋的香草糖漿與酸酸甜甜的檸檬酵素，讓飲料的味道變得更豐富。

材料 ASSEMBLE

基底	香茅茶1小匙（2克）
液態水	氣泡水1瓶（500ml）、 水100ml、冰塊適量
糖漿	香草糖漿10ml、檸檬酵素20ml
裝飾	檸檬片1個

做法 RECIPE

A　將2克香茅茶放進茶壺，注入100ml滾燙熱水沖泡5分鐘。

B　沖泡好的香茅茶過濾後倒入另一杯內冷卻至常溫。

C　將香草糖漿、檸檬酵素和80ml放冷卻的香茅茶倒入杯內攪拌。

D　杯內加滿冰塊，剩餘空間以氣泡水填滿。

E　以檸檬片做裝飾。

COOL 薔薇果扶桑花檸檬冰茶

以薔薇果混合扶桑花的花草茶為底茶，所調製成的檸檬冰茶，擁有美麗的漸層顏色，相當吸引人。薔薇果是一種野生玫瑰果實，跟扶桑花簡直是天生絕配。

材料 ASSEMBLE

基底	薔薇果扶桑花茶（帝瑪/薔薇果混合茶）1小匙（2克）
液態水	碳酸飲料（雪碧）1瓶（250ml）、水100ml、冰塊適量
糖漿	糖漿30ml、檸檬汁20ml
裝飾	檸檬片1個

做法 RECIPE

A　將2克薔薇果扶桑花茶放進茶壺，注入100ml滾燙熱水沖泡5分鐘。

B　薔薇果扶桑花茶過濾倒入另一杯內冷卻至常溫。

C　將糖漿和檸檬汁倒入杯內。

D　杯內加滿冰塊，以碳酸飲料填至2/3滿的程度。

E　倒入80ml放冷卻的薔薇果扶桑花茶。

F　以檸檬片做裝飾。

迷迭香糖漿

生薑糖漿

藍莓薰衣草糖漿

風味茶核心調味

糖漿製作

草莓糖漿

伯爵茶糖漿

香草糖漿

葡萄柚糖漿

250ml / 冷藏保存 2週

好喝的葡萄柚糖漿關鍵在於葡萄柚的氣味是否夠強烈，葡萄柚的香氣並非來自果汁，而是柚皮所含的橙皮油成分，因此必須加入柚皮絲。

[葡萄柚2個、糖1杯、檸檬汁20ml]

A　利用檸檬刨絲刀將柚皮刨絲。

B　果肉以榨汁器榨出果汁後，倒入鍋裡。

C　鍋子加熱，加入糖和檸檬汁煮沸。

D　糖完全溶解後關火，加入柚皮絲攪拌，置於室溫一天。

E　翌日利用濾網將柚皮絲濾出，將做好的葡萄柚糖漿倒入消毒過的容器裡，放進冰箱冷藏保存。

應用實例

HOT 柚子綠茶熱飲 ≫ P.30

COOL 茉莉橘子綠茶飲 ≫ P.33

COOL HOT 蜂蜜葡萄柚紅茶 ≫ P.75

COOL 葡萄柚約會茶氣泡飲 ≫ P.103

COOL 柑橘樂園 ≫ P.112

A	B	C	D	E

水果糖漿
FRUIT SYRUP

蘋果糖漿 *300ml / 冷藏保存 2週*

不同於一般清澈果汁，蘋果汁的顏色稍微渾濁一些。利用市售蘋果汁也能做出蘋果糖漿，適合用於調製冰茶這類透明飲品。

[100%蘋果汁200ml、糖50克]

A　將蘋果汁倒入鍋內加熱。

B　果汁煮開後，加入糖。

C　開大火，一直煮到 B 的糖完全溶解。

D　待糖完全溶解後轉小火，繼續煮到想要的黏稠度。

E　煮好的糖漿置於室溫2小時以上放冷卻，再倒入消毒過的容器裡，放進冰箱冷藏保存。

應用實例	HOT　迷迭香蘋果綠茶熱飲》 P.31
	COOL 蘋果肉桂飲 》 P.48
	COOL 蘋果莓果飲 》 P.96
	COOL 蘋果肉桂冰茶 》 P.98
	COOL 洋甘菊蘋果茶飲 》 P.111
	COOL 迷迭香草莓奶昔》 P.127
	COOL 蘋果麝香草冰茶 》 P.138

A　　　　　　B　　　　　　C　　　　　　D　　　　　　E

藍莓薰衣草糖漿 *300ml / 冷藏保存 2週*

這款糖漿將藍莓和薰衣草的香氣做了絕妙搭配，最適合用於調製出別具風味的飲品。使用冷凍藍莓，顏色跟氣味都有更出色的表現。

[乾燥薰衣草花1小匙、藍莓250克 / 杯、糖200克、水200ml]

A   乾燥薰衣草和藍莓放進鍋裡。

B   將煮沸的開水倒進 **A** 裡浸泡5分鐘。

C   鍋子放在瓦斯爐上，開大火煮。

D   鍋內液體開始沸騰時，加入糖續煮5分鐘。

E   待糖完全溶解時關火，置於室溫2小時以上放冷卻，過濾後再倒入消毒過的容器裡，放進冰箱冷藏保存。

應用實例	
	COOL 藍莓紅醋綠茶飲 » P.28
	COOL 藍莓薰衣草氣泡酒 » P.51
	COOL 藍莓芒果冰茶 » P.72
	COOL 手搖藍莓薰衣草冰茶 » P.113
	COOL 藍莓扶桑花奶茶 » P.129

A	B	C	D	E

04
水果糖漿
FRUIT SYRUP

草莓糖漿 *300ml / 冷藏保存 2週*

草莓因為氣味強烈,是相當適合做成糖漿的水果。若希望味道能夠更強烈,可先做好糖漿,再放入新鮮草莓,讓草莓的香甜氣味釋放到糖漿裡。

[草莓片450克、糖200克、水200ml]

A　將切片的草莓和水放進鍋內。
B　開大火煮到草莓褪色。
C　煮到草莓顏色完全褪色後,加入糖繼續煮。
D　待糖完全溶解後轉小火,繼續煮5分鐘後關火。
E　煮好的糖漿置於室溫2小時以上放冷卻,再過濾倒入消毒過的容器裡,放進冰箱冷藏保存。

應用實例	
COOL 草莓綠茶飲 » P.50	
COOL 桑格利亞綠茶飲 » P.57	
COOL **HOT** 蜜桃冰茶 » P.65	
COOL 草莓果泥冰茶 » P.67	
COOL 草莓奶茶 » P.83	
COOL 玫瑰莓果茶 » P.118	

A	B	C	D	E

黑加侖糖漿 *300ml / 冷藏保存 2週*

使用冷凍黑加侖製成，黑加侖跟莓果類相似，不過味道更
香甜。少許檸檬汁更能帶出黑加侖的特殊風味。

[冷凍黑加侖25克、糖200克、檸檬汁20ml、水200ml]

A 將冷凍黑加侖和水放進鍋內。

B 開大火熬煮到水色變深紫色。

C 顏色出來後轉中火，加入200克糖。

D 待糖完全溶解後關火，加入檸檬汁。

E 煮好的糖漿置於室溫2小時以上放冷卻，再倒入消毒過的
容器裡，放進冰箱冷藏保存。

應用實例	COOL **藍莓紅醋綠茶飲** » P.28
	COOL **大吉嶺莓果奶茶** » P.88
	COOL **蘋果莓果飲** » P.96
	COOL **手搖莓果冰茶** » P.115
	COOL **藍莓扶桑花奶茶** » P.129
	COOL **莓果薄荷冰茶** » P.140

A
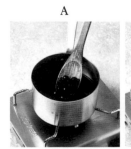

B

C

D

E

迷迭香糖漿 *300ml / 冷藏保存 2週*

迷迭香若加熱，氣味會消散，只剩下煮熟蔬菜的氣味，因此，糖漿熬煮完後，最後才加入迷迭香，讓氣味慢慢釋出。大部分的香草糖漿都是最後的步驟放，才有餘香。

[迷迭香4小株、糖200克、水200ml]

A　將2小株迷迭香、糖和水放進鍋內。
B　開大火煮到糖完全溶解。
C　關火後，以網篩將迷迭香撈起。
D　加入剩餘的2小株迷迭香，放在室溫冷卻2小時以上。
E　過濾後倒入消毒過的容器裡，放進冰箱冷藏保存。

應用實例
HOT 迷迭香蘋果綠茶熱飲 》 P.31
COOL 荔枝小黃瓜綠茶飲 》 P.53
COOL 迷迭香檸檬冰茶 》 P.93
COOL 檸檬氣泡飲 》 P.101
HOT 迷迭香草莓奶昔 》 P.127

A	B	C	D

02
花草糖漿
HERB SYRUP

薰衣草糖漿 *300ml / 冷藏保存 2週*

如果覺得市售薰衣草味道香氣太淡，也可以在家動手做。
只要讓薰衣草的氣味完全釋放在糖漿裡，便會散發出分明
且濃郁的香氣。

[乾燥薰衣草花2克、糖200克、水200ml]

A   將水倒入鍋內，煮開後關火。

B   將薰衣草花放進已關火的鍋內，浸泡5分鐘。

C   B 加入糖後，再次開火煮。

D   待糖完全溶解，轉小火繼續煮5分鐘後關火。

E   煮好的糖漿置於室溫2小時以上放冷卻，過濾後倒入消毒
過的容器裡，放進冰箱冷藏保存。

應用實例	
	COOL 草莓果泥冰茶 》 P.67
	COOL HOT 倫敦之霧 》 P.79
	COOL 伯爵茶氣泡飲 》 P.94
	COOL HOT 薰衣草巧克力飲 》 P.121
	COOL 薰衣草薄荷冰茶 》 P.141

A   B   C   D   E

香草糖漿 *300ml / 冷藏保存 2週*

香氛糖漿
AROMA SYRUP

只要有香草、糖和水，就能做出香草糖漿。有一點要注意的是，如果香草莢浸泡太久，味道會過重，反而產生反效果。

[香草莢1個、糖200克、水200ml]

A　將糖和水放進鍋內，開大火煮開。

B　待糖完全溶解後轉小火，繼續煮5分鐘。

C　把香草莢剖開，取出香草籽。

D　把香草莢和籽放進 B 裡，置於室溫冷卻2小時以上。

E　把糖漿連同香草莢和籽倒進消毒過的容器裡，3天後取出香草籽，再放進冰箱冷藏。

應用實例

HOT　豆漿奶綠熱飲 » P.42

COOL　藍莓芒果冰茶 » P.72

HOT　香草洋甘菊熱飲 » P.117

COOL　奶蓋國寶茶 » P.128

COOL　香茅香草冰茶 » P.142

A	B	C	D	E

生薑糖漿 *300ml / 冷藏保存 2週*

製作生薑糖漿時，使用的生薑型式，會稍微影響糖漿的口感。若使用切片的生薑，味道比較淡；如果是搗碎或刨成細絲的生薑，薑的味道就會很濃，而且也會比較辛香嗆辣。

[生薑250克、糖200克、水600ml]

A　生薑洗淨連皮切成片。

B　利用刀子或調理機將生薑片切成細末。

C　把生薑末和水放進鍋內，開大火煮開後轉小火，繼續煮45～50分鐘。

D　**C**放入糖後，轉大火煮到糖完全溶解。

E　待糖完全溶解後關火，置於室溫冷卻2小時以上，過濾後倒入消毒過的容器裡，放進冰箱冷藏保存。

應用實例	
COOL 熱帶綠茶飲 》 P.32	
HOT 蜂蜜印地安奶綠熱飲 》 P.39	
COOL 薑汁檸檬綠茶飲 》 P.49	
COOL 薑汁萊姆扶桑花冰茶 》 P.137	

A	B	C	D	E

伯爵茶糖漿 *300ml / 冷藏保存 2週*

這是一款實用度相當高的糖漿，加點牛奶就是伯爵奶茶。
如果想讓氣味濃郁些，可以增加紅茶的量，不過如果浸泡
得太久，會產生苦澀味，所以一定要把紅茶過濾出來。

[伯爵茶12克、糖200克、水200ml]

A   水倒入鍋內煮開。
B   關火後加1大匙伯爵茶（6克），浸泡5分鐘。
C   以濾網將 B 的伯爵茶過濾出來。
D   接著加入糖開火續煮，煮開後轉小火繼續煮5分鐘。
E   關火後加入剩下的1大匙伯爵茶（6克），置於常溫冷卻
      2小時以上，過濾後倒入消毒過的容器裡，放進冰箱冷
      藏保存。

應用實例	COOL 伯爵檸檬冰沙 » P.77
	COOL 奶蓋紅茶 » P.80
	COOL 伯爵茶氣泡飲 » P.94
	HOT 蜂蜜薰衣草奶茶 » P.131

A	B	C	D	E

榛果糖漿 *300ml / 冷藏保存 2週*

榛果不必完全搗成粉碎，必須保留一點顆粒，如果出太多油，可用咖啡濾紙把油去除後再使用。

[榛果120克、糖150克、蜂蜜50ml、水200ml]

A　把榛果倒進平底鍋裡，稍微炒香。

B　完成後榛果放冷卻，然後搗成細碎顆粒。

C　備好細碎顆粒的榛果、糖、水和蜂蜜。

D　將 C 放進鍋內，以大火煮開。

E　待糖完全溶解後轉小火繼續煮5分鐘，完成後關火，置於常溫冷卻3小時以上，過濾後倒入消毒過的容器裡，放進冰箱冷藏保存。

應用實例

COOL 椰子鳳梨綠茶飲 》 P.34
HOT 豆漿奶綠熱飲 》 P.42
COOL 綠茶酪梨拉西 》 P.45
COOL 玄米茶飲 》 P.54
COOL HOT 洋甘菊奶綠 》 P.125

A 　　B 　　C 　　D 　　E

Cook50188

咖啡館 *style* 茶飲 101

不藏私公式大公開，教你利用各式食材及獨特糖漿，
製作出好喝又驚艷的特調風味茶

國家圖書館出版品預行編目

咖啡館style茶飲101：不藏私公式大
公開,教你利用各式食材及獨特糖漿,
製作出好喝又驚艷的特調風味茶 /
李相旼文字；李靜宜翻譯.
-- 初版. -- 臺北市：朱雀文化,
2019.06
面；　公分. -- (Cook ; 50188)
ISBN 978-986-97710-2-3(平裝)
1.茶食譜

427.41　　　　　　　108008216

作者	李相旼
攝影	朴種嬊
翻譯	李靜宜
美術完稿	許維玲
編輯	劉曉甄
校對	連玉瑩
企畫統籌	李橘
總編輯	莫少閒
出版者	朱雀文化事業有限公司
地址	台北市基隆路二段 13-1 號 3 樓
電話	02-2345-3868
傳真	02-2345-3828
劃撥帳號	19234566 朱雀文化事業有限公司
E-mail	redbook@hibox.biz
網址	http://redbook.com.tw
總經銷	大和書報圖書股份有限公司　（02）8990-2588
ISBN	978-986-97710-2-3
初版三刷	2021.08
定價	380 元
出版登記	北市業字第 1403 號

카페 TEA 메뉴 101
Copyright ⓒ Lee Sang Min, 2018
All Rights Reserved.
This complex Chinese characters edition was published by Red Publishing Co., Ltd. in
2019 by arrangement with SUZAKBOOK through Imprima Korea & LEE's Literary Agency.

About 買書

● 朱雀文化圖書在北中南各書店及誠品、金石堂、何嘉仁等連鎖書店均有販售，如欲購買本公司圖書，建議你直接詢
問書店店員。如果書店已售完，請撥本公司電話（02）2345-3868。

●● 至朱雀文化網站購書（http：//redbook.com.tw），可享 85 折起優惠。

●●● 至郵局劃撥（戶名：朱雀文化事業有限公司，帳號 19234566），掛號寄書不加郵資，4 本以下無折扣，5～9
本 95 折，10 本以上 9 折優惠。